# 稜線に立つホモ・サピエンス

*Homo sapiens*
who stands on
the mountain ridge

## 自然人類学を超えて

江原昭善
Ehara Akiyoshi

京都大学
学術出版会

ニーチェ（Nietzsche, F. W. 1844-1900）
　客観的事実など存在しない。あるのは自分の目を通してみた事実の解釈だけだ。

ハイゼンベルク（Heisenberg, W. 1901-1970）
　私たちが観察しているのは自然そのものではなく、実験装置を通してみた自然にすぎない。

ポール・エリュアール（Paul Eluard, 1895-1952）
　もう一つの世界はたしかに存在する、ただしこの世界のなかに……。

稜線に立つホモ・サピエンス

# 目次

序に代えて

## II　殺人の考古学

## III　自然界での人間

## V 殺人の行動学

# 序に代えて

「時代の節目」という表現がある。

その好例というわけではないが、新しい年の変わり目には、どの新聞や雑誌も、テレビやラジオも、それに沿った企画や未来への展望を派手に競い合う。その背景には、「今年はどのような年になりそうか」とか、「今年こそ、どのような年にしたいか」と、だれもがバラ色の夢を抱き、期待を新しい時代に託そうとする気持ちがある。まるで隠れた願望が一挙に表に吹き出したかのようだ。そして私たち自身もそのような波に乗せられてしまって、その夢や願望が、ごく個人的なものからグローバルな展望にまで広がる。そのような意味では、時代の節目というよりも、覚悟と期待の節目といった方が適当かもしれない。

ましてや新しい二一世紀を迎えるには、単なる物理的な年頭というよりももっと大きな歴史的年頭になることを、多くの人は秘かに期待したものだった。少なくとも小生の場合はそうだった。ところが……。

その新世紀ののどかな夢は、世界中を震撼させた大事件によって、文字通り瞬時にして叩き壊された。二〇〇一年九月一一日の同時多発テロにより、世界最高の軍事力の象徴と誇るアメリカの国防総省ビルが攻撃され、世界経済の中枢である世界貿易センタービルが、そこに働く多くのエリートたちもろとも原形も留めぬ巨大な瓦礫の山と化してしまった。

これまでは何となく、世紀や年の変わり目が歴史的な節目にもなっていたものだ。だが、二〇世紀から二一世紀にかけて、その世紀の変わり目が奇しくも政治・経済・社会などの歴史的な大変革期になっており、深刻な問題が喉元に突きつけられながら、何一つ解決しないまま現在に流れ込んできてしまった。

ちなみに思いつくまま数え上げても、いま人類が直面している厄介で危機的な問題として、環境、原子エネルギー、ゴミ処理や産廃、疫病、エイズやエボラ出血熱、ヒトを直接脅かすトリ・インフルエンザや狂牛病、食糧問題、少子化や人口問題、宗教や国際関係やテロ問題など、いずれも旧世紀に顕在化してきて、その解決の糸口も見出せないまま新世紀に流れ込んできてしまった。どれ一つ取り上げても、対応をまちがえると人類の存亡の危機に直結しかねない問題ばかり。

だがよく考えてみると、それらを操作しているのは、つまるところは人間の意識であり精神であり人間自身なのだ。科学や技術はいたるところでこれらの問題にじかに深く関与しているが、だからといって科学や技術がこれらの問題を解決できるわけではない。究極的にはそれらも含めて、国内外の紛争も、温かい人間関係も、豊かさも、幸・不幸も平穏も、すべて人間の精神の問題に帰着する。

だからはじめは、そのような「人間」に焦点をあわせて、私の専門である自然人類学から考えてみることにした。そして人類史の流れのなかで、どのようにして人類のなかから「人間」が誕生したかについて、前著『服を着たネアンデルタール人』で扱った。その人間史のなかで「人間ホモ・サピエンス」はどのような状況にあり、今後どう進化していくのかということを考えてみようと思った。考えはじめたときは、そのはずだった。だが考え詰めているうちに、ホモ・サピエンスはみずからの進化の稜線に立っているという姿が見えてきた。衰退か繁栄かの分岐点に立っているのだ。

いずれの道を選択すべきだろうか。日常のできごとを自然人類学の立場から考えてみたが、それだけでは収まるべきところに行き着かず、さまざまな障壁を超えるうちに、気がついたらもっと大きな精神次元の大海に乗り出してしまっていた。むしろ人類学というメガネを通してしか見えてこない世界があることを知った。このとき、フロイト派のゲザ・ローハイム（Roheim, Geza, 1891–1953）の人類学者への痛烈な批判が脳裏に甦った。批判の矛先は人間研究を標榜した民族学や文化人類学に向けられたものだが、その意味では自然人類学も同様だった。

すべてとはいわないが、人類学者は人間という観察対象を科学的に探求すべく数字化し、統計的に処理し、それをもって人間探求の隠れた特徴の一部が引き出せたとして、ほぼ満足していなかっただろうか。ゲザ・ローハイムの「人類学者人類を見ず、人間をも見ようとしない」という辛らつな批判は、人類学のこのような現状に向けられており、私の胸にも深く突き刺さった。

人類は今まさに新しい秩序系に向かって、向上進化しているのではなかろうか。宇宙レベルで進化段階を眺めてみると、脅威的に加速度を増しながら、ビッグ・バンから物質秩序系、生命秩序系、文化秩序系（人類世界）、そして精神秩序系（人間世界）、メタ精神秩序系（高次の精神世界）へと向上進化してきた。いま人類はまさに、このメタ精神秩序系に直面していると思われる。本書での重要なキーワードの一つはここにある。

生物としてのヒトが生存を確実なものにすべく文化を発達させ、両者は切っても切れないほど協調し合って、ついに「ヒトが文化を創り、その文化がヒトを創り出した」といわれるまでになった（図3-2。Eickstedt, E. F. 1940. 一三一頁参照）。だが所詮、生物と文化は異質の存在だ。一方ではその乖離が大きくなり、ついには人間であることが人間否定に繋がるという皮肉な自己矛盾が見られるようになった。この事実も本書の重要なポイントの一つだ。

さらに、文化次元に目を転ずるとき、社会の構造や人間の思考や価値観の大きな亀裂、人間社会での世代間の裂け目の拡大、それらの変化はあまりにも急速かつ大きくて、つい人間の姿は霞みがちだが、その姿を見失うことなくフォローするとき、新しい世界への稜線（小進化。種レベル以下の進化）に立つ人間の姿が見えてくるというわけだ。

サピエンスの歴史を概観すると、ホモ・サピエンス・ネアンデルターレンシスからホモ・サピエンス・サピエンス（現代人）、そしてホモ・サピエンス・フトゥルス（未来人）へと向上進化しつつある姿が見えてくる。しかしその飛躍のためには、精神的に処理し解決しなければならない障壁も多くある。それらを超えられなければ、残念ながら私たち現代人ホモ・サピエンス・サピエンスは舞台から姿を消すことになるのだろう。

これらの問題も含めて、自然人類学を専攻している私が自分の専門の領域を大きく踏み越えて、なぜ、どのようにして、このように考えるようになったか、その入り口のところから振り返ってみよう。自然人類学のメガネを通してはじめて見えてくる人間の姿にも気がつく。それらをあえて書き留めたいのは、個人のささやかな呟きに留まらせないで、同時代のエピステーメー（思考や知の土台）を共有する読者諸氏からも、ある程度の共感を得たいものと秘かに期待しているからだ。

# I

# 人類学の裾野に佇んで

# 重力

江原　律

すべてのものは
地球の中心へと
吸い寄せられる
重力を振りはらい
微塵となって
果てしない宇宙へ散ってゆけるのは
こころだけだ

# 1　問には答よりも重要な問がある

真っ正面から「答よりも重要な問がある」と、いささか逆説的な断言をしたのは、だれだったろうか。これは、はじめから一義的な答は出るはずもなく、堂々めぐりの議論（循環論法）に持ち込むような問を意味しているわけではない。またスコラ的な煩瑣で無用な議論に終わるような問題提起を意味しているのでもない。同じ問に対する答でも、時代の変遷や異文化を反映してさまざまに変化するが、問の方は一貫して変わらないような、きわめて真面目で重要な問があるという意味だ。

その最たるものとして「人間とは何か」という問がある。プロタゴラスやソクラテスの時代から現代まで、欧米からアジアまで、あるいは宗教的・思想的に、時空を超えて等しく「人間とは何か」と問われ続けてきたが、その答は実にさまざまだ。時代とともに人間の考え方や知識は変化し増大し、欧米やアジアやアフリカの地域文化と連動して人間への認識や人間観も大きく変わる(1)。

そんな深刻な問題があることまで考えず、私は一九五一年、みずから選択して東京大学理学部人類学科に入学したのだが、進学してからずい分と悩んだ。「どのように研究目的を設定し、どの道を通ってアプローチしたらよいのか」、と。

ほぼ一生を決定する問題だけに、専門と進路を考えあぐねた末に「たいへんな専攻を選んだものだ」と悩んだ。

当時は戦後のこととて食糧難も相当なもので、いつも空腹を抱えての勉学だった。それだけではない。三年間の勉学を終えても、就職先は大学や研究機関に限られ、しかもどこの大学でも求人の当てなど皆無だった。その大学にしても、学徒出陣から幸い帰国できた諸先輩ですら、戻れる場所がなかった。そんな雰囲気のなかで、古武士的風貌の持ち主だった人類学科の長谷部言人名誉教授は、「食うことを案ずるものは去れ！」と断じた。逆説的な意味も含めて、研究者のあるべき姿勢を述べたと理解できたのは、かなり後年のことである。目先の利だけを追い、うまく生きることだけを探し求める風潮が高まりつつある時代のことであった。

# 2 人類学とはどのような学問か

## 2.1 人類学を求めての紆余曲折

すでに述べたように、人類学の学徒として登り口に立ったときから、学生たち（といっても新入生はS君と私の二名だけだった）はまるで通過儀礼を迎えたかのように迷い悩んだ。

解剖学や生理学や生化学などのように、研究方法によってなすべきことがある程度決められている専門分野では、これほどの悩みはないのかもしれない。だが人類学では人類や人間そのものが研究対象であり、頂上への登り口も決められているわけではない。研究方法により切り取られた学問というよりも、登り口がいくつもある対象そのものがそのまま人類学の目的なのだ。その登り口は自分で探し求めるしかない。先輩諸氏に教えを請うたところで納得のいく返答は期待できなかった。当然のことで、一人ひとりが独自の人間像を描き、その解明にいそしんでいた。その興味と関心に納得し、同じことを同じように同感できなければ、そのようにして得た助言は大して役には立たないからだ。究極的には各自がみずから目標を定めなければならないということを悟る。だが、人類学はそんなに間口が広いのだろうか。人間に関係があることなら、何を研究しても人類学になるのだろうか。人間との接点がありさえすれば、その研究は人類学もしくは人類学的研究になるのだろうか。

そのようなことから、人類学は解剖学や生理学や遺伝学などの生物諸学、社会学や経済学や法学などの社会諸学、哲学や芸術や宗教などを扱う人文諸学のそれぞれに解体してしまって、人類学独自の研究分野は存在しないのではないかという批判がある。たしかにこれらの分野では、どこかに人間の姿が隠れており、人間との接点があるものだ。でも、それをもってこれらはいずれも人類学といえるものかどうか。たとえば人体の消化器官にだけ焦点をあわせて研究しても、それは人体解剖学や人体生理学にはなっても人類学にはならない。その知識が人類学にはきわめて有益であることはまちがいないが、それだけでは人類学にはならない。つまりどの研究方法を選択したとしても、ヒトそのものを解明する直接的で究極的な目的があるかどうかが、人類学か否かの決め手になる。でなければ、ヒトの消化器官の解剖学的もしくは生理学的研究にすぎないことになる。

だから人類学というかぎり、「人間もしくは人類を知るために」という標的を見失わずに、そして学問領域を区切ったり固定したりすることなく、研究を進めることが必要だということになる。

当時、澎湃《ほうはい》として巻き起こった集団遺伝学や分子進化学や生態学や行動学その他、新しい研究の流れや流行に新鮮な眼差しを向けることは大切だが、それらに幻惑されず、足許をさらわれず、かといって頑なに専門の殻に閉じこもることなく、柔軟な思考を持ち続けることが大切だ。私が研究しはじめた二〇世紀後半は、物理学や化学、遺伝学や生態学、行動学や心理学、霊長類学などの分野で、科学的認識や技術が大きく転換した時代だっただけに、この学問的環境が私の研究姿勢にも大きく影響した。とくに人間を標的にした人類学では、人間観も変化せざるをえなかった。

このように考えると、フランスの哲学者ベルクソン（1859–1941）もどこかでいっているように、すっきり定義ができ、明確な概念が確立してしまった学問は、すでに歴史的使命の大半を果たして、完成に近い研究領域だといえるのかもしれない。だからそれらについて、考えあぐねるほどの学問の方が面白くもあるし、やり甲斐があるのではないか。でも、はっきりとそう思えるようになったのは、人類解明という道程をある程度歩んでからのことだった。また、私自身ずいぶん回り道をしたようだが、後から考えてみて、それまでの思索と悩みの過程は、決して時間の無駄や喪失ではなかったと気づくことにもなった。

## 2.2　人類研究の転換期の渦のなかで

私が人類研究の出発点に立った二〇世紀後半は、生物学にも新しい風が激しく吹きつけはじめていた。それまでは生物学の場は、ほとんど実験室が中心だった。少しこの面に目を向けてみよう。

東京大学の人類学教室では、学生たちは解剖学や発生学、生理学や生化学、遺伝学などの基礎医学、人類進化論や人種学の他に、人類の人文的特徴を広く学ぶ講義として人類学概論や、先史・考古学、土俗・民族学などが課せられていた。とくに人類学概論はゴードン・ボールス（G. Boules、ハーバード大学出身）が担当した。そのとき参考資料として利用されたのが、Cold Spring Harbor Symposia on Quantitative Biology, 1950（量的生物学に関するコールド・スプリング・ハーバー・シンポジウム、1950）の第一五巻 Origin and Evolution of Man（人類の起源と進化）だった。本書では第二次世界大戦も終了して、執筆者たちはみな明るい語り口でみずからの専門のこと、これからの研究の展望などを語っていることが、眩しいほど新鮮だった。

とくに少壮の研究者たちが古い研究の殻を自由に破って、新しい構想を述べている点が魅力的だった。もちろん、まだ学生だった私にとってはどの論文が重要か、十分判断できる力はなかった。講義は英語で行われたが、ボールス氏はアメリカの人類学の現状を、これらの資料を基に、噛んで含めるように説明してくれた。このなかの数編は、「生物学は実験室の標本棚に埃をかぶって収まっている標本を対象とするのでなく、生きた姿を研究することが大切だ」と訴えていた。これがきっかけとなって、若い研究者たちは研究室のドアを押し開けて、野外へと飛び出していったのだった。

また、種（species）は博物館に登録された、たった一個の模式標本（type specimen）で代表されるものではなく、種の集団として理解すべきであることも、随所で強調されていた。

この一冊の書物が、私たちにどれほど大きなインパクトを与えたことだろう。

## 2.3　生物学の新しい波

ちょうどその頃、今西錦司も同じ思いに駆られていた。生物学は何よりもまず生き物学でなければならぬ。だが、たしかに当時は「生物学は『生き物の学』だ」という、実に単純明快な認識が稀薄だった。生物学は実験室のなかで切り刻まれた実験試料として、あるいはたった一個の死んだ標本の研究に明け暮れていた。今西はそれを「生き物学ならぬ死物学ではないか」と、痛烈に批判したのである（図1-1）。

これと関連して、次のようなエピソードを思い出す。後年、私がドイツからの留学生のS博士を受け容れていたとき、いっしょに幸島の海岸を散策したことがある。彼は多くのいろんな貝殻を拾い上げ、それらの貝のラテン名をよどみなく指摘するのには驚いた。それらの貝類はドイツのキール海岸で見るのとは大きく異なるという。「どうしてそんなにくわしいの？」と訊ねると、ごく平然として「私はキール大学で動物学の単位も取ったからだ」と答えた。動物学では、いろんな動物の実像と分類名を知ることが出発点だ、というのだ。

またあるとき、岐阜県の川沿いのレストランで、捕獲されて檻に入っていた中型動物を見たとき、彼は即座に「アライグマ」だと断定した。「アライグマは日本にはいないので、タヌキではないか」と反論すると、タヌキとの違いをさっと素描して「アライグマにまちがいない」と同定したのだ。

図 1-1　今西錦司教授

彼の同定は正しかった。数年後に、この辺り一帯にペットとして飼われていたアライグマが捨てられ、それが再野生化し、増殖していたことで問題になったからだ。当時日本では動物学は発生や解剖や遺伝などから学びはじめて、極端な場合にはそのまま動物全体の姿は知らないまま卒業することもあると聞いていたので、その違いに驚くと同時に反省もしたものだ。

## 2.4 霊長類学の夜明け

話を元に戻すが、今西の批判をきっかけとして、実践的に生物の野外における生き様の研究にも目を向ける気運が高まったことはたしかだ。今西は生物がどのように生きているかということに着目し、生物はただ群れているだけでなく、群にはその生物固有の構造があることに気づいていた。だから生物の社会構造にも注目されるようになった。さらにどのように生きているかということから、生態学や環境論にも注意が向けられるようになった。

今西が弟子の故川村俊蔵（後に京大教授）や故伊谷純一郎（後に京大教授）らとともに、鹿児島県都井岬の半野生馬の社会的な行動調査を行っていたときのこと（一九四七年）。その行動域にニホンザルも群になってやってくる。どうもその群にも、ウマ以上の複雑で整然とした社会構造があるらしい。これを機会に今西、川村、伊谷らはニホンザルに興味を持つ。そして都井岬からほど遠くない宮崎県の幸島（現在、京都大学霊長類研究所の野外観察施設）で、長年三戸サツエさんによって野生ニホンザルの集団がケアされていることを知った。彼女は幸島のサルについて、多くの貴重な知識を経験的に蓄積していた。その話から、野生ニホンザルについての予備知識を学んで、本格的にその研究に着手することになった。その結果、まるで宝の山に手を突っ込んだように、手当たり次第に得られた情報は、いずれも世界の研究者たちを驚かせるほどの貴重なものばかりだった。

今西は新しい研究分野の開拓者といってもよいほど、次から次へと研究の興味を展開させていく。「自分には一か所に座り込んで、穴を深く掘り進める専門家タイプは性に合わない」と言い、それらの研究は惜しげもなく弟子たちに譲って、みずからはさらに先へ先へと歩を進める。振り返ると、みずから蒔いた種子があちらこちらで花咲いていた。

今西はそういう意味ではまことに日本の学界にとってリーダー的存在だった。批判の声も一部にはあったが、それはリーダーとして避けられない属性のようなものだった。日本的風土のなかでは、リーダーとしての地位を守るのは困難である。リーダーはすぐボス化してしまうからだ。つまり、同じ考えや利害関係にあるものが集まって、同志的な閉鎖グループや学派を形成しがちで、リーダーはすぐ意識的、無意識的にその頂点に押し上げられ、ボス化していく。そして、ボスに付随する利益・権益を求めがちだ。しかし今西は、彼を中心に新しいグループができると、いつの間にかそこから抜け出て先を歩いていた。

やがてニホンザルの研究に興味を持つ若手の研究者たちが、今西はじめ伊谷・川村らを中心に集まって、研究会が開かれるまでになっていた。それらの活動が母体となって、一九五六年には名古屋鉄道の経済的援助で、犬山に日本モンキーセンターが設立された。京都大学を中心に、そのような研究活動の流れがあることはつゆ知らず、私は長谷部言人が細々と収集したニホンザルやカニクイザル、東京大学の医学部に保管されていたオランウータンの頭骨などを使って形態研究に着手していた。その研究が今西らの目に止まり、第一回プリマーテス研究会が犬山の日本モンキーセンターで開催されたときに、その研究を発表するよう要請された。

## 2.5　急成長してきた霊長類研究

ちょうどこの頃アメリカでは、霊長類の研究が医学・薬学や宇宙開発にきわめて重要な情報を豊富に提供してくれることから、熱い眼差しをサルたちに向け、一挙に七つの州立研究所が設立された。世界はもはや第二次世界大戦の戦後ではなかった。このような世界情勢のなかで、せっかく世界に先駆けていた日本の霊長類研究も、民間企業の枠内では大きな限界があるということから、国レベルの研究所を要求する声がいちじるしく高まった。

一九六一年には京都大学理学部動物学教室に自然人類学研究室が設置され、初代の教授に池田次郎（古人類学専門）が指名されたが、その当時は京大人文科学研究所教授だった今西の推薦が大きかったと聞いている。

今西の卓見はここでも発揮された。医学・薬学研究のための霊長類研究だけでなく、むしろ人類解明の方にもさらに重きを置いた霊長類研究にすべきだという信念があった。

これはまことに奇異としかいいようがない現象だったが、約二〇〇種もいる霊長類が、いずれも人類にもっとも近縁な分類群であるにもかかわらず、まるでエア・ポケットのように、生物学で、研究者たちの関心から抜け落ちていた。おそらく比較研究に利用できるサルたちの実験動物としてのデータの蓄積が、ラットやイヌやネコなどよりもはるかに貧弱だったからであろう。だが、サルたちは医学・薬学の実験用動物として、すぐ人体に役立つデータを提供してくれるのは自明の理だった。こうして研究者たちは、ほとんど見境いもなく、まるで無尽蔵の資源のようにサルの利用に群がった。しかし、サルたちの生態が明らかになるとすぐに、彼らの危機的状況が明らかになってきた。開発の名の下に、サルたちの生息環境である自然はすさまじい勢いで破壊され、サルたちの生存が脅かされていた。こうしてわれわれは、サルの利用と保護という半ば相反する問題に直面することになったのである。

おそらくこの時点まで、野外観察という手法はあまり発達していなかった。それゆえ、観察用にサル類を飼育する施設も不十分で、実験的な研究は不可能だったと考えられる。

このような実用中心の資源と考える霊長類の利用に対して、いかにそれが重要だとしても、もっとサル類の多重的かつ計画的利用、需要に応ずるだけの繁殖や飼育の努力の必要性が国際的に強調されなければならない。だが何よりも人間解明には、霊長類それ自体の研究が不可欠であることは自明の理だ。それを早々と認識していたT・ハックスリー（一八六三）の精神の重要性を強調して、ヨーロッパの各大学研究者が中心になって、国際霊長類学会設立の気運が過飽和的に高まっていた。その重要な国際学会誕生のマグマ噴出直前のさなかに、私は西ドイツにいたことになる。

チューリッヒ大学、ゲッティンゲン大学、フランクフルト大学、アーヘン大学、ハノーファー大学、キール大学、ロンドン大学などの若手有志の間で頻繁に連絡が行われ情報が交わされて、そのたびに霊長類についての情報のエネルギーは膨れ上がり高まっていった。世界各国からの情報の奔流は私のいたキール大学のフォーゲルにも頻繁に届いた。当時サルの研究者人口が世界の頂点にあった日本の事情も切れ目なく流入してきて、私も彼らとミーティングを重ねるたびに、日本での状況を積極的に紹介したりした。この学問的な熱狂の渦を思い出すたびに、今も当時の熱い血潮が甦ってくる。

このようにして、マグマ溜まりの中心は西ドイツで、そのエネルギーはフランクフルト大学において一気に噴出した。一九六二年には国際霊長類学会がヨーロッパとくにドイツを中心に発足した。一九六四年には第一回国際大会が、フランクフルト大学で開催される。日本からは宮地伝三郎（京大教授）と伊谷（前出）が、そしてキール大学に留学中だった私が、現地から参加した。この学会で、学会事務局長（フランクフルト大学ホッファー教授）が大会の冒頭で特別講演を行い、この学会の指導理念は『自然界における人間の位置』（一八六三）という古典的名著を著したハックスリー精神にあることを強調した。これは学会の将来を方向づけるきわめて重要な講演だった。まさに今西の先見の明に改めて感じ入った次第だ。

それまで日本モンキーセンターが中心となって、国内の霊長類研究者を支えてきたが、一九六七年には待望の国立の霊長類研究所が設立されて、京都大学に付置された。当時、日本の霊長類の研究者人口は世界でもトップの位置にあり、そのようなことから、第五回国際霊長類学会大会（一九七二年）は名古屋で開催されたという経緯がある。

その間キール大学のショイブレ教授が心臓発作で倒れ、人類進化論の主講義を担当する後任者がおらず、私に白羽の矢が立てられた。ドイツは日本の自然人類学の学問的な故郷といってもよく、そこで主講義を担当することの意義と名誉を考えるとき、正直なところ、喜びどころか大きな躊躇と逡巡から、しばらくは懊悩したものだった。キール大学に正規に就職するということは、日本の大学での地位を放棄して日本を長期に去ることを意味し、その現実を受け容れることは気持ちの上で不安であり苦痛でもあった。そのようなことから、折衷案として一九七〇年と一九七三年はキール大学の客員教授として主講義「Hauptvorlesung: Entwicklung des Menschen（人類進化論）」を、一九七六年はゲッティンゲン大学の客員教授としてサル類の解剖実習を担当することにした。

# 3　学問にも人間性が滲み出てくるものだ

## 3.1　科学と人間と

話は少し前後するが、私がまだ怖いもの知らずの大学院生だった頃のこと。大先輩の長谷部言人名誉教授から専門の話をうかがっていた。そのとき「先人の仕事に対する批判の仕方が適切ではない」と、たしなめられた。学問やその積み上げられてきた努力の歴史を大切にする老先輩の姿勢に強く打たれ、そのとき以来私の学問に対する態度も大きく変化した。学問には私情は無用と考えられがちだが、私情とは別に科学や学問にも人となりや人間性が反映するものだということを知ったのである。

「先人の肩の上に立てば、先人よりも遠くが見えるのは当たり前」だったのだ。学問的に自立しても、それは自分ひとりの力で築き上げたものではない。多くの先人たちの業績の蓄積の上に成り立つものだということを知った。

だから学問の世界にも、学問そのものと、学問をする人間の両方の問題があることを悟った。科学や技術は発達すればするほど、細分化と専門化が進むものだ。そしてその分だけ、知識は深くなるが気をつけないと断片化が進行する。これを人間の側から考えると、その断片化された知識の洞窟に潜り込んでいくうちに、全体が見えなくなってしまうものなのだ。

だが、それに対しては、「断片化した知識を統合するのは哲学の仕事であって、科学や技術の役割ではない」とか、「やがては時代がそれらの断片を紡いでくれるはず」という弁明をよく聞く。しかし、科学や技術そのものにとってはそれで済むかもしれないが、科学の世界に生き、技術を扱う人間にとっては、それは一種の思考停止であり、成り行きに任せるわけにはいかない。そのような視野狭窄がたとえば環境を破壊し、大量殺戮兵器を生み出し、経済的生産一途の道を驀進してきたのではなかったか。

## 3.2 科学にもロマンがある

そのような立場に立つと、科学にも大きなロマンがあることがわかる。少なくとも私は、折に触れてそのことを強く感じた。野外での調査であれ、実験室内での研究であれ、真理の探究や未知の世界を開拓しようという精神にはロマンがある。現に問題の解決法に気がついたり、新しい事実や知見を発見したときなどの高揚した気分は何にも代えがたいものだ。功名心や営利目的の科学や技術のやり取りだけでは、あまりにもギスギスした索漠たる気持ちになるのではないか。

すでにギリシャ時代にソクラテスが、まさにこのことを指して、「知識人や技術人がかならずしも尊敬するに値するとは限らない。すべからく教養人であれ！」といっている。今もそのまま通用する戒めではないか。

人間の世界は科学や技術だけで成り立っているのではなく、その外側には、もっと広大な精神の世界が広がっていることを見落としてはならない。その世界から自分が立っている科学や技術の世界を見渡す姿勢も必要なのだ。それが人間的な知性であり教養というものだ。その教養の精神が欠如した専門人や技術人は、まさに現代社会における「新しい野蛮人」（マドリッド大学哲学科教授オルテガ・イ・ガゼットの表現）といわれても仕方があるまい。科学や技術の偏狭な視野からしか判断しない「新野蛮人」が、今世紀に入って、そして今もなお、どれだけ取り返しのつかない過ちをくり返してきたことだろう。たとえば原爆や現代的な新兵器の開発、クローン人間、臓器移植、脳死か心臓死かなどについても、それらの研究に賛否はおろか、眉一つ動かさない科学者や技術者。その研究の穴蔵に潜り込んでしまったために、自分が行っている研究の歴史的意味も目に入らず、純粋な学問的興味や情熱から科学や技術を遂行していると錯覚するのは、オルテガでなくても視野が狭いとしかいえないのではないか。フランケンシュタイン以上に恐ろしい殺人的兵器が続々と生産され、あるいは人間の精神を蝕んでいる現実から目を背けてはならないと思う。

科学の世界に価値観を導入せよといっているのではない。産業革命以降、科学や技術の力が巨大化してきたが、科学や技術が神に代わってその座を占め、世界全体を支配することなどは、不可能だし危険だといっているのだ。

これは、人類や人間を対象とする人類学では、ことさらに銘記すべきことではなかろうか。

## 3.3 人類学の特徴

人骨や獣骨は見慣れない人が見ると、どれも千差万別の形をした河原の石ころと変わるところがないように見える。だが人骨や獣骨はかつては生きて行動していた生き物の名残りだという点で、河原の石ころとは大きく異なる。

私の専門は骨学、つまり骨を通して人類の生きた歴史や生き方を考察することにある。

これをもう少し突っ込んで表現すると、今手にしている骨も、かつては生きて地上を動き回り、餌を求め、オスまたはメスを求め、子どもを育てながら、家族もしくは社会を築いて生活していた生き物の身体の一部だったという視点を無視してはならないということだ。そこに解剖学と人類学の大きな違いが見て取れる。

石器についても同じことがいえる。考古学とは微妙に研究姿勢が異なる。もともと考古学は文献史学を裏づけるべく、物的面から研究することに重点が置かれている。もちろん先史レベルで書かれた資料があるわけではない。ただ学問の発達とともに原史レベルや先史レベルにまで入り込んでいったために、かなり便宜的に考古学が活躍せざるをえなかったのである。

それゆえ、たとえば考古学では石器の材質、型の分類や分布、流通、技法及びその発達や伝達などに興味が傾く。しかし人類学ではそれらを製作した人類の進化段階、文化や精神の発達度、伝播と伝承、言語活動との関連、それらを通じて推測される社会の構造や生態、その石器の利用と生活との関連、製作しているヒトは何を考え目論みながらその作業をしているのだろうか、などに関心の目が向けられる。もちろん明確な線を引くことはできないが、どちらかといえば考古学では石器や遺物などの「物」の特徴を中心に研究が展開し、人類学ではむしろ石器や遺物を介して読み取りうる人類の能力や生活や活動や社会構造などに向かって興味が展開する。

いうなれば、人類学では常に研究のすぐ背後に生きた人間の姿があるということだ。

## 4 比較方法論のスペシャリスト、レマーネ教授

私は人類学のなかでも人骨の研究に主軸を置いていた。縄文時代以降の各時代の出土人骨を調べることにより、日本人の身体的特徴の変遷を調べていた。そのうち、化石人類のレベルにまで興味が広がった。しかし、日本はまだ海外に出かけて発掘するほどの実績もないし、経済的レベルにも達していなかった。したがって、具体的に研究するほどの化石資料も皆無だった。

ちょうどその頃、すでに述べたようにサル類の研究ができるようになり、それを通して人類の霊長類レベル

での形態研究ができるようになった。これにより化石資料がなくても、人類への進化のプロセスがある程度理解できるようになった。つまり、霊長類レベルで人類と霊長類各種の個々の形態特徴が比較でき、進化のプロセスもある程度推測できるというわけである。それにはまず比較の方法をしっかり身につけなければならない。

文献を渉猟しているうちに、素晴らしい学者が浮かび上がってきた。アドルフ・レマーネ（Adolf Remane キール大学動物学教授兼大学博物館館長）だ（図1-2）。彼の生物界についての知識は、まことに広汎だ。原生動物から霊長類までの系統学、海洋生物学、霊長類の形態学とくに歯牙の形態学は世界のトップ・レベルにある。彼によれば、比較の方法は生物学でもっともよく発達したという。それを裏づけるように、かれの比較方法論はヨーロッパにおける言語系統論や民族学にも応用され、ちょうど発達しはじめた動物行動学の比較にも利用された（W. Wickler: Stammesgeschichte und Ritualisierung zur Entstehung tierischer und menschlicher Verhaltensmuster., 1975. 動物及び人間の行動様式の系統発生と儀式化）。この他、比較を必要とする研究分野では、比較の方法論全体としてよくまとめられた彼の本が広く利用された。

図1-2　アドルフ・レマーネ教授

彼のもっとも得意とする専門分野では、たとえば形態学は同定の学といわれるほどで、比較なくして同定は成り立たない。だからよく使用される「比較形態学」という表現は、きわめて不適切だという。

私がとくに興味があるのは、系統発生学での形態学と生態学の協調関係で、その方法を通して生物の系統発生や進化を論じている点だ。その研究から、機能が形態よりも先行していることもよくわかる。実例について触れてみよう。

## 4.1 進化は機能転化に続いて起こり、機能は形態よりも先行する

ある生物もしくは器官はもちろん特定の形態を示すが、この分析もきわめて興味がある。

器官について簡単に説明してみよう。どの器官も主機能（Hauptfunktion 器官本来がもっている機能）と複数の副機能（Nebenfunktion）を持っている。一般には主機能が、その器官の形態を決定している。副機能については、その器官もしくは生物を実際に観察しないと気がつかないのが普通だ。たとえばコオロギの羽根について考えてみよう。羽根はもともと空中飛翔するという主機能を持った器官だった。ところが、飛翔中に意図もしないのに（副機能的に）ある種の音を発する。その音に異性をよぶ機能があることがわかると（交尾歌）、そのうちに飛ぶという主機能を放棄して、音を発する副機能を新しい主機能へと転化させる（機能転化 Funktionswechsel）。こうしてコオロギの羽根はついには妙なる音を発する鳴器となったが、その代わりもはや飛翔するという主機能は喪失してしまった。そして新しい主機能のもとに、改めて新しい副機能が生ずる。実は生物の進化はこのようにして進行していくのだ。その際、いったん副機能を喪失した後は、環境条件の変化からふたたびもとの主機能を返り咲きさせることはない。この転化は一方向的なのだ。このようなことから、この機能転化が生物を絶滅の方向に追いやることもあるというわけだ。これらを別に表現すれば、進化の流れのなかではいつも機能が形態よりも先行すると考えてもよいということだ。

ところで器官は本来特定の機能（主機能）を果たしており、その主機能が器官の形態を決定していることから、主機能がわかれば形態が読み取れることはわかった。だが、ときには一つの器官に二つの主機能が宿ることがある。この場合には形態はきわめて中途半端な特徴を示す。その典型的な器官として、ヒトの口がある。食物摂取・咀嚼と言葉を喋るという二つの機能は、主機能としてどちらも甲乙つけがたいほどの役割を果たしている。先に器官の形態は主機能によって決定されるといったが、このような場合は、たしかに二つの相反する主機能の要求からヒトの口は形態が中途半端になってしまった。摂取・咀嚼用ならゴリラやオランウータンのように頑丈で大きな顎骨が有利だが、それでは重すぎてデリケートな発音や言語活動には不向きだ。また、デリケートな発音が可能であるためには、できるかぎり顎骨はもっと小型で華奢で軽い方がよい（たとえば顎骨や歯牙の退化傾向は、縄文時代から現代まで続いている）。

さらに口唇部は咀嚼や発声以外にも、喜怒哀楽の表情に役立てたり、キスをしたり、口笛を吹いたり、小さな道具の製作に歯牙を用いたり、よく観察すると多くの副機能を持っていることがわかる。

レマーネは、主機能はすぐ理解できるが、副機能はその生物なり器官なりを実際に観察しなければわからないことが多いという。たとえば、蝶や蛾の羽根の主機能は飛翔用だということはすぐ理解できるが、その羽根の紋様が雌雄間の性の解発因になったり、擬態に利用したりしていることは、実際に観察してみないとわからない。それだけではない。朝夕などの気温低下時には、ゆるやかに羽根を動かしながら体温の調節をしたりしているらしい。これも副機能の一つだ。

鳥の嘴は餌を啄むという主機能の他に、鳥の種類によっては、幹を叩いて音を出してナワバリ宣言をしたり、羽毛の手入れをしたり、闘争用に使ったり、巣作りなどに利用したりしている。このような副機能も、実際に観察しないことにはわからない。

このようにして、生物体や器官の形態が、ときには主機能が喪失して、ある副機能が主機能化したり、新しく副機能が付加したりする。この変化の巨視的な時間系列を「進化」と呼んでいるわけで、ここで述べたような機能転化は進化の微視的局面を見ていることになるのだろう。

## 4.2　相同と相似の同定

いろんな生物群の間で、似ているものどうしをまとめて類縁性と系統関係を決定することは、さほど楽な作業ではない。生物界では似て非なるものがきわめて多いからだ。かつてアリストテレスでさえ、クジラやイルカをサカナの仲間にしたくらいだ。つまり、似たような環境で生活するうちに、生物たちがきわめてよく似てくる。この程度のものなら、少し注意すれば誤魔化されないが、実際には同定不可能な場合がよくある。

レマーネはその同定法を詳細に吟味して、一冊の本にまとめた。第二次世界大戦後まもなく出版されたので紙質が劣悪だが、ドイツの熾烈な戦中戦後によくこれだけのものが書き残せたものだと改めて尊敬の念が湧き、同時に学界への貢献に対して感謝したくなる。

その序文にもあるが、レマーネは私にも今第二巻を執筆中だと言っていた。しかし、それはとうとう日の目を見ることはなかった。その第一巻の古典的名著の題名は、Die Grundlagen des natürlichen Systems, der vergleichenden Anatomie und der Phylogenetik - Theoretische Morhphologie und Systematik I, 1956（『自然分類学、比較解剖学、系統発生学の基礎問題——理論的形態学及び系統学I』）（図1-3）という。

同定の困難さを示す例として、若干例をわかりやすいように図式化して比較してみよう（図1-4）。A図で

DIE GRUNDLAGEN DES NATÜRLICHEN SYSTEMS, DER VERGLEICHENDEN ANATOMIE UND DER PHYLOGENETIK

THEORETISCHE MORPHOLOGIE UND SYSTEMATIK I

VON

Dr. ADOLF REMANE

O. Professor und Direktor des Zoologischen Instituts
und Museums der Universität Kiel

ZWEITE AUFLAGE

Mit 82 Abbildungen

LEIPZIG 1956
AKADEMISCHE VERLAGSGESELLSCHAFT
GEEST & PORTIG K.-G.

図 1-3　レマーネの古典的名著の表紙．自然分類学・比較解剖学・系統発生学の基礎を論じ，生物科学系分野・動物行動学をはじめ言語系統論などでも広く利用されている．

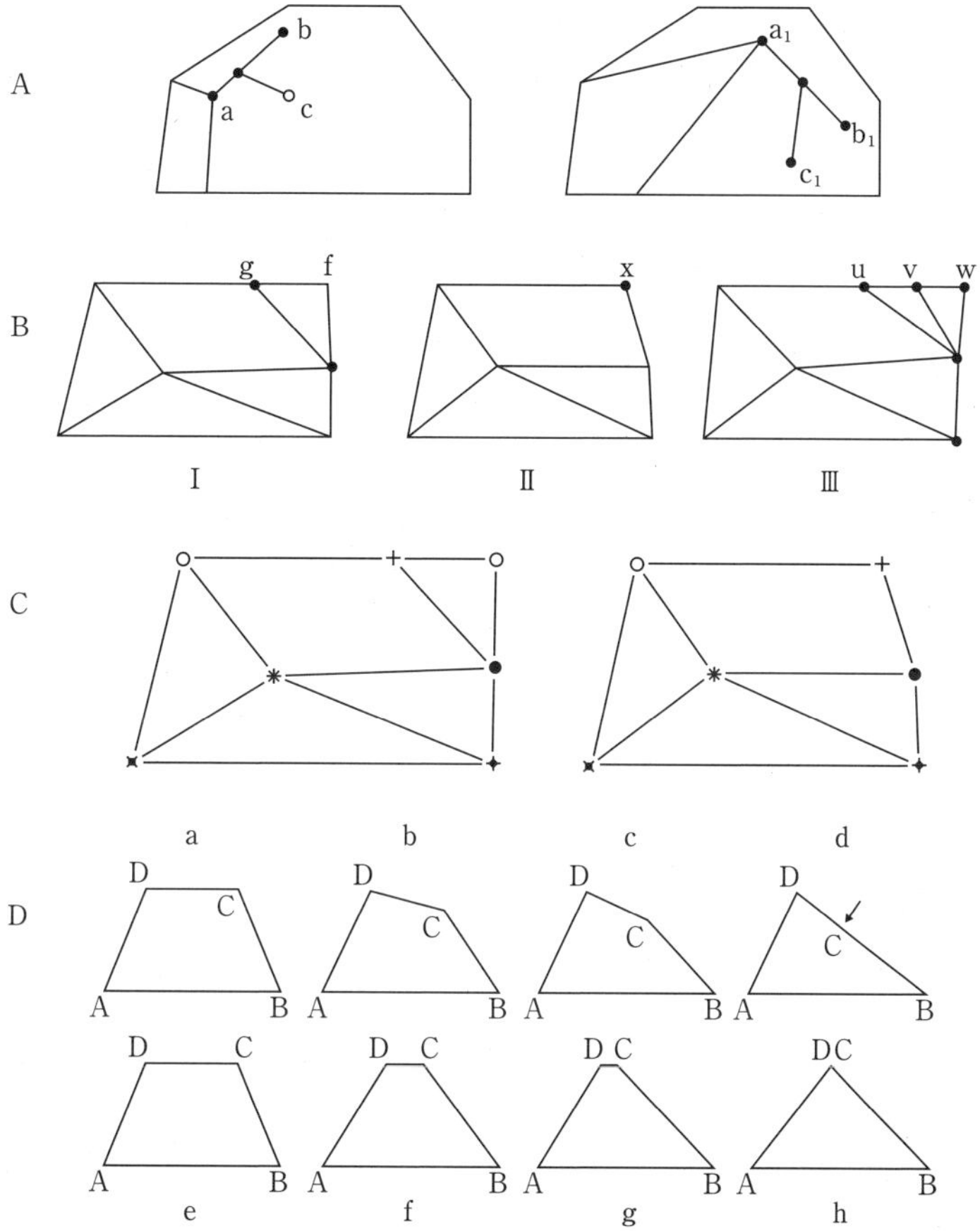


図 1-4　相同関係の吟味

A 図：a, b, c〜$a_1$, $b_1$, $c_1$ の位置関係は大きくずれているが，相互の形質の結び付きから各形質の相同関係は決定可能.

B 図：形質 g, f, x, u, v, w などで，いずれが付加した新形質で，いずれが退化・消失した形質か，同定は不可能.

C 図：B 図のなかで，g, f, x, u, v, w のいずれが新形質で，いずれの形質が消失したか，各形質の特徴がはっきりしている場合は，同定可能.

D 図：四角形の各形質のいずれが消失もしくは重複して三角形になったか，同定可能.

は特徴の位置が大きくずれているが、各特徴の同定は可能だ。だが、B図では各特徴の同定は不可能だ。しかし、その場合でもC図のように、各特徴が特殊な機能を持っている場合には区別ができる。これらに似た具体例が、扁形動物の各器官の相同、爬虫類の頭骨の同定、哺乳類の歯牙の系統発生などで、豊富に見られる。

しかし、そのような場合でも、たとえばイヌの頭骨にも、ゴリラやオランウータンのオスや大型猿人（アウストラロピテクスのPタイプオス）に見られるような、種や属レベルを超えた見事な矢状稜（頭骨の頭頂部で左右からの側頭筋が合して、前後に走る骨性の稜）が出現する。これらは相同だろうか、それとも外見上類似した相似の現象だろうか。この場合のレマーネの相同基準では明快だ。食肉目のイヌと霊長類のゴリラやオランウータンや人類との間には、中間的移行形がまったく存在しないことから、相似（もしくは特殊相同）と考えればよい。

このようなことから、レマーネは多くの事例を比較して、同定の可能な場合や不可能な場合を吟味した。そして同定方法をI～IIIの主基準とそれぞれに若干の補助基準を付して、利用しやすいようにした。

多くの研究者たちはこの論文によって、同定に際してレマーネ以前に遡って検討する必要がなくなった点で、大変便利になったと評し、喜んでいたのを思い出す。

この比較の方法は、形態学ばかりでなく、言語系統論や動物行動学の分野、さらには石器の形式などを比較する場合にも利用されるようになった。

## 4.3　行動の相同性の同定はむずかしい

レマーネの同書は、似ていることが「似て非なるものかどうか」、つまり相同か相似かを広く生物界から実例

図 1–5　肩部を誇張した衣服．マントヒヒでも，相手を威嚇する際には肩部の毛をそばだてる．軍人が肩章で肩部を誇張し，かつての武士が裃をつけて肩を張るのも同じ効果がある．逆に肩をすぼめたり，肩を落としたりすると，敗者の印象を受ける．

を用いて吟味するという、いわば同定に焦点をあわせたものだ。

その際、生物学の基本ともいえる分類や系統を詳細に解析するには、相似はきわめて邪魔な現象だ。だが見方を変えると、ローレンツ（動物行動学者、ノーベル賞受賞）もいうように、これまで雑物扱いで切り捨ててきた相似の現象にも、生物学的に重要な意味があることがわかった。潜水艦は水中での運動に対する抵抗を少なくすべく、まるで系統の違うクジラやイルカのような外形にならざるをえない。航空機は空中飛翔すべく、トリの外形に類似するのがもっとも効率がよい。このようにしてローレンツは、ようやく市民権を得はじめた行動学の分野で、似て非なる行動の類似に積極的に着目した。系統が異なる動物たちの間でも、威嚇や攻撃、相手を宥めたり挨拶したりなどに、広く類似の行動が見られるからだ。

ローレンツの共同研究者ヴィックラー（W. Wickler）は、レマーネの同定基準から出発して、行動学での同定基準をさらに補強した。たとえば、トリの囀りには学習が反映することが多く、その場合、囀りの起源や系統は生物学的には別のものと考えざるをえない。サルたちの毛づくろい行動は種の違うサルたちの間でも観察されるが、その系統発生はどう考えればよいのか。マントヒヒは肩部の毛を逆立てて相手を威嚇するが、同様に軍人の肩章や武士の裃《かみしも》も肩部の誇張という機能を果たす。これらの現象は相同か相似か（図1-5）。あるいはアフリカのサバンナモンキー、アヌビスヒヒ、東南アジアのテングザルなどのペニスの誇張、新石器時代の壁画に残る狩人の勃起するペニスの誇示（おそらく魔術的意味があると考えられている）、ニューギニアのパプア人のペニス・サック、ヨーロッパ中世戦士の衣服などを見ると、系統はまるっきり異なるがペニスを誇張することによる男性性の誇示という意味があり、行動学的に類似していて興味がある。その意味は、相同的というよりも相似的である。だが、その同定の方法と意味するところは「相同」以上に厄介なことがわかるだろう。

## 4.4　自然誌と大学博物館

霊長類及び人類の形態学を深めようとしていた私は、まず比較の手法を徹底的にマスターする必要があった。そしてレマーネ教授の学風に惹かれて、もしキール大学動物学教室での勉学許可が願えるならば、フンボルト財団の留学生制度に留学生として応募したい旨、手紙を出した。秘書からの返事には、教授は現在天皇陛下（昭和天皇）に海洋生物学のご進講のため訪日中とあり、たいへん驚いた。何度かの手紙のすれ違いの結果、教授が帰国した後に受け入れを承諾するとの文書を受け取った。ドイツ大使館での書類審査その他の手続きを終え、採用許可の書類を受け取り、準備万端整えて西ドイツ（当時）のキール大学へと向かった（一九六四年）。

キールには世界でも有名な軍港があり、そのお陰で街全体が第二次世界大戦時には街のほぼ八〇パーセントが焼け野原になったという。だが、市全体は大変静かな佇まいの街だ。

動物学教室は大学博物館のなかにあった。というよりも、自然誌もしくは博物学（natural history, Naturgeschichte）つまり動物学や植物学や古生物学・地質学などと博物館とは、もともと一つだったのだ。自然誌もしくは大学博物館がいわば扇の要にあって、そこから解剖学や生理学や生化学、さらに生物学の各専門分野が分化し発達して扇のように広がってきた様子がよくわかる。生物の各専門分野の根っこは博物館だったのだ。日本の生物学は明治以降、根っこは残したまま生え出た部分だけを刈り取ってきたということか。これがおそらくヨーロッパと日本の生物学教室の大きく違う点だ。とすれば、この動物学教室はすでにキール大学とともに三〇〇年以上の歴史を刻んできたということか。余談ながら、このようなことが日本の生物学教育にも強く反映しているといえるのかもしれない（2.3参照）。

ゲスト・ルームは博物館の屋上階の位置（五階）にあった。俗にいう西洋建築の屋根裏部屋ではあるが、ベッド、洗面台やガス台、暖房装置、机と椅子、本棚など、当分勉学や研究をするのに不自由のない程度に設備の整った、静かな部屋だった。

窓を押し開くと、眼下にはほとんどすぐ、まるで大河のような奥深い入江になった海が見渡せ、対岸の町並みもよく見える。その入江を多くの大小の船舶が行き交っていた。歩いて数分ほどのところにはオスロー・カイ（オスロー～キール間の定期船が発着する桟橋）があり、瀟洒な汽船が停泊していた。すでに述べたように、キールは港町だが、じめじめした暗い感じはなく、むしろ湖岸の街のような明るい雰囲気が漂っていた。まるで絵はがきを見るようだった。

日本では、延べ何百体にのぼる縄文時代以後の出土人骨に接してきたので、研究には伍していけるものと思っていた。だが、骨の見方や考え方がまるで違っていた。私の場合は解剖学的技量の上に立った知識であって、ゲーテやボルクやゲーゲンバウエルその他の名だたる形態学や比較解剖学の精神の上に立った知識とは大きく隔たっていた。私の知識は根底から叩きのめされた。

ゲスト・ルームでは週はじめの朝になると、レマーネ教授の秘書が専門書や論文の別刷りを抱きかかえるようにして持ってくる。数日かかって読み終わり返却すると、また新しい論文が持ち込まれる。そのような生活が三か月ばかり続く。ひょっとすると「参った！」というまで試されているのではないかと疑いたくなるほど続く。秘書の手前もあって、半ば自棄っぱちに近い意地で文献の閲読を続ける。

レマーネ教授は、私のために一〇回ほどの「動物学概論」を開講してくれた。しかし、講義が始まるや、三〇〇人ほども入る博物館の階段教室はいつも満席になった。少し遅れていくと座席はなく、通路の階段に座らねばならなかった。

そんなある日、レマーネ教授から人類学教室にいる彼の直弟子フォーゲル（C. Vogel、当時は講師）といっしょに仕事をするようにと命ぜられ、研究室を人類学教室に移す。彼は貴公子然とした男で、天才とまではいわないが、頭もシャープでなかなかの秀才ではあった。この頃になるともう、仕事の内容について互いに議論し合えるようになっていた。

## 4.5　骨は語りかけてくる

人類学教室では形態学や比較解剖学を行う上で、日本では揃えるのが不可能なほど、各種のサル類の骨格標本が揃っていた。この教室は、かつて誕生後間もない日本の人類学とも関係が深く、著名な人類学者や世界的に定評のある Zeitschrift für Morphologie und Anthropologie『形態学・人類学雑誌』の編集室もここに設置されていた。この人類学教室も第二次世界大戦中に戦禍に遭い、書物の何冊かが火で焼け焦げていたことを知った。迂闊にも「この部分はどうしたの?」と訊ねたものだ。「戦争だよ!」と吐き捨てるように答えた同僚の声には、幾分恨みがこもっていた。

私のいる研究室では、大きな作業机の上にいつも、野球のボールくらいのサルの頭骨(サバンナモンキーやコロブス類)を一〇〇個ほど、ずらりと並べておいた。そしてコーヒーをすすり、タバコを吸うときも(今はもう禁煙した)、同僚たちと議論やよもやま話に花を咲かせるときも、この机の前。暇さえあれば、これらのサルの頭骨を眺めて、気がついたことがあれば、それをメモに書きとどめた。

半年も続いたそんなある日のこと。眼窩(眼球が収まっている部分)の外縁部に、毛すじよりも細いかすかな一本の線が、眼窩に平行して走っているのに気がついた。その線の外側と内側では、骨の繊維の走り方が微妙に違う。

すぐ他の種類のサルの頭骨を引っぱり出してきて、調べてみた。もっとかすかだが、光にすかしたり目の位置を変えたりしながら眺めると、やはりその線が認められる。ヒトの頭骨でも同じ。そのつもりで観察しないと、見ても見えない特徴だった。

生前では、この線の外側と内側では、歯からの圧力や咀嚼筋群の張力のかかり方が微妙に違うことが推測できる。そのことから、種類の違うサルたちのそれぞれの食性とも対応させて、この部分の形態特徴を比較考察することができる。日本にいるときは、資料の制約から主に人骨を用いて、同じような態度で観察してきた。それがここでは、いろんなサルやヒトの比較が可能になったことから、もっと容易にこのようなことに気がついたというわけだ。

この時以来、私の骨を見る目は変わり、論文の中身も変化した。「どのような特徴か」だけでなく、「どのような意味が隠れているか」を読みとるようになった。それは骨の形態ばかりでなく、歯や筋肉その他の特徴などとも機能的に関連し合っていることはいうまでもない。

だから形態学は面白い。かつて形態の背後に、カントは哲学を感じ取り、ゲーテは自然の秩序や神の意志を読み取り、ダーウィン以後の形態学者は進化の微妙なメカニズムや道筋を理解するようになった。

どの骨もその持ち主が骨になるまで、まちがいなく生きていた。そして生まれてから死ぬまでの間の生活が、微妙に骨に刻まれている。一方では、その骨の持ち主は切れ目なく続く進化の長い過去を引きずっている。だから形態の変化にもさまざまな深い意味が潜んでいて当然なのだ。その意味を探るのが形態学なのだ。

そんなある日、いつものように、頭骨の特徴をメモしていた。面白いように骨は語りかけてくる。つまりそれまでは気がつかなかった毛すじほどの特徴に、いろんな意味が読み取れて、あっという間に何ページもの記録になった。

翌朝、この記録を片手にもう一度、頭骨から直接にその特徴を読みはじめた。ところが不思議なことに、同じ頭骨なのにメモのようには見えてこない。時間をおいて、もう一度眺め直した。くり返すうちに、やっとメモが正確であることを知った。同じ特徴が、まるでだまし絵のように、見えたり見えなかったりしたのだ。

帰国後、絵描きの友人に、この不思議な体験を話した。「見えるものが見えなかったり、違って見えたりすることがある」と。友人は驚いて「絵を描くときも同じだ。同じ風景や対象が見えたり見えなかったり、違って見えたりするんだ」。

このような体験をくり返しているうちに、骨を見る目がいつしか一定のものに落ち着いてきた。そのころから、どんな骨を見ても驚かなくなった。「骨が理解できる」という自信だ。科学の世界でも、このような非合理な次元があるということを知った。おそらく絵や彫刻や芸能の世界でも同じではないだろうか。

学問のどのような専門分野でも、似たようなクリティカル・ポイント（臨界点）がいくつかあるらしく、あえていえば一種の悟りのようなものなのかもしれない。それを超えた人の話は、常人が見えない世界を見た話だから面白いのだろう。

## 4.6　自己矛盾を抱えた人間

ビュルツブルク（Würzburg）は、マイン河畔にある中世以来の美しいバロック調の古都。プロテスタント教会やカトリック教会が、まるでせめぎ合うかのように並び立ち、日本の留学生のだれかが「ドイツの京都だ」と呼んだほど。ちょうどこのあたりを境に、北ドイツはプロテスタント系が、南ドイツはカトリック系が勢力を伸ばしたという。

私はこの町が好きで、ドイツを訪れるたびに、この街に足を運んだものだ。その際、私には解せないことがあった。未だに進化論を否定している極端な福音派は別としても、普通のキリスト教徒である同僚たちは、人類の起源や進化を考える際に、いずれの宗派であれ、思想的にどのように折り合いをつけているのだろうか、という疑問だった。人類起源を専門とする親しき同僚や人類学教室にいる同僚たちに、その矛盾を突っ込んで訊ねるほど勇気もなかったし、その議論に耐えられるほど私の思索も十分ではなかった。イエズス会の司祭テイヤール・ド・シャルダンは、進化論者であり化石人類の研究でも評価された人物だったが、晩年の著作で「究極のところ（オメガ点）で、人類は神と遭遇（合一）する」と主張したため、教会や大学からも放逐された。キリスト教では、神は人間を超えた超越神であり、それを否定するような言動が排斥の原因だった。そのような事実がごく最近にあったので、当時の私としては、同僚にまるで踏み絵を踏ませるような議論を仕掛けることは、心底ためらわれた。仏教的文化のなかで育った私とは、この点で大きく違っていたのだろう。

## 5 自然人類学を超えて

人間だれしも生きているかぎり、利己主義者でなくとも、ある程度自己中心的になるのはやむを得まい。その実存的な、あるいは個人中心的な考え方や行動が他者や世間と相容れないことも、しばしば経験するところだ。いうなれば、実存的・個人中心的な人間であることが、世間で生きていく上で不条理や自己矛盾の原因になっているということだ。つまり一人の個人のなかに、生物的論理、文化的論理、精神的論理その他、いくつもの論理が階層的に組み込まれていて、それぞれが生存のために自己主張して矛盾を生ずるからたまらない。このような論理の階層性は、動物レベルから人類や人間にいたる進化的なプロセスのなかで形成されてきたものだから、簡単にはぶっ壊せない。いやむしろぶっ壊せた時には、人間が解体したことを意味する。しかもそのようなのっぴきならない人間の仕組みから論じた試みはあまりないようだ。これにはどうしても人類学的なメガネをかけないと見えない類《たぐい》のものだからだ。本書の基本テーマはここにある。

だがさし当たり、そのような極限の状態だけを切り取って思考実験的に取り上げた、優れた文学作品は多い。まずはその代表的な例から話を展開させてみたい。

# 6 人間、その不条理と無条理の狭間にあって

## 6.1 カミュのいう不条理は条理と条理の食い違い

フランスのノーベル賞作家カミュによると、その力作の一つ『異邦人』のなかで、主人公ムルソーが不条理な嘘を拒否し続けたために、死の断罪を受けることになった。その嘘にちょっと目を閉じれば助かったものを……。

カミュはこの作品で、期せずして一種の思考実験を行ったとみることもできる。その不条理な嘘とは、こうだ。

「母親の葬儀に悲しみで涙も流さないのは、背徳であり非情の人間だ。ましてや、その翌日には母の死も忘れて、夏の海辺で女と戯れ、その女と喜劇映画をみて笑いころげる。この場合、たとえ見せ掛けだけのお芝居でも、悲しみに打ちしおれて涙するのが、世間に通用する人情というものではないのか。世間はそのように、見てくれの嘘が通用するように作られているのだ。だから本心でなくとも、そのように『……かの如く振る舞うべき』なのだ。この世ですんなり生きるには、嘘の演技も欠かせないのはそのためだ。嘘も方便なのだ。それを拒否するものは、この世間のしきたりを理解しない異端者であり、世間とは相容れない異邦人なのだ」。

ムルソーは、みずからの信条（条理）にしたがって実存的に生き、断りきれないほどの義理や柵《しがらみ》は何一つないのに、仲間の男の女出入りに絡んで、砂浜で人を射殺する。その直接的な動機は、あえていえばギラギラと

「灼けつく太陽のせいだった」という。弁護士や御用司祭には、そのような自分本位な実存的な理屈（条理）が通用するはずがない。世間一般の条理やキリスト教の信仰に従って、情状を訴えるべく、改心をすすめる。だがムルソーにはそのような条理は詭弁そのものであり、そのような嘘の強要が気に入らない。カミュはここに人間の不条理性を嗅ぎ取ったのだ。つまり、みずからの条理と世間の条理や信仰の論理との間に整合性が見出せないというわけだ。

この通りだとすれば、行動上の不条理は、むしろ人間であることに原因があるというしかあるまい。人間の社会が生み出した規範が、それを生み出した人間の欲望や本性と相容れないケースは、しばしば見聞きする。自分に対して正直に生きようとすると、それが妨げになる。つまり、自分の条理と世間の条理のせめぎ合い。ムルソーが陥った不条理は、人間が生きていく上では、どこにでも転がっているもので、その条理と条理のぶつかり合いをカミュは「不条理」と呼んだのだ。

ムルソーは、みずからの条理以外の世間の条理は、みずからの信条を通すかぎり、実存的には信ずるに値しないとして拒否する。

かといって、死の判決を前にしながら日頃の信条を曲げて、今さら神の世界を認めることもできない。死刑囚のための御用司祭の説得は、彼をイライラさせるだけ。「神に対する貴方の信念など、（私には）女の髪の毛一本の重さにも値しない」といって、説得を拒否する。

しかし、ムルソーが拒否した世間的な慣例や考え方も、条理のレベルを異にした条理そのものではなかろうか。つまり条理と条理の縺れを、カミュは不条理と呼んだということになる。実存主義や個人中心主義には、いつもこのような不条理がつきまとう。

理屈は別にして、不条理の実例をもう少し取り上げてみたい。というのも、不条理とはいうものの、ムルソーのように救いのない不条理や、次に述べるラスコーリニコフのような愛や宗教的に救済される不条理などは、不条理とはいえ理解しうる。だが昨今、私たちの身辺で多発しつつある事件や殺人例などは、もはやふつうにいわれる不条理のアンチ条理としては、理解しえない深刻なものが多すぎる。不条理というよりも「無条理」というべきか。これらを順に見ていきたい。

## 6.2 ラスコーリニコフの老婆殺しと良心の疼き

人間がまだ動物だった頃、同種もしくは仲間どうしの殺し合いは、特別の理由がないかぎり、回避する本性を備えていた。それは自分が所属する種を保存するために、避けられないことだった。でなければ、そのような回避機構を失った種は、進化の過程で早々と自壊もしくは自然淘汰されてしまったことだろう。

人が人を殺すような、あるいは人が身内を殺すような残忍な行為を指して、よく「野獣のようだ！」という。しかし「野獣は決して人間のように残忍なことはできやしない」（『カラマーゾフの兄弟』）。他方では、「内に持っている『獣性』との闘争があって、はじめて人間は人間になれる」「人間には恐ろしい『獣性』が眠っている反面、すばらしい輝きも眠っている。知恵、想像力、創造性……」。

野獣は残忍で、それを克服したのが人間だという。動物としての人間と、それを精神的・理性的に克服したのが人間だという二元的な考えが下敷きになっている。けれども、日頃私たちが肉食の代表者とみなし、獲物を殺害しその血を啜り肉を食らう獰猛な野獣たちの間でさえも、「蛇が蛇を殺し、ライオンがライオンを殺す」ような仲間殺しの行動は、きわめて特殊な例（たとえばヒヒ類の子殺しやナワバリ侵犯など）を除いて、ふつうは見られないものなのだ。

人間になってからは、殺人に伴う良心の呵責や疼きというかたちで、殺人行為が回避もしくは抑制されるようになった。それらは長い人類史のなかで、人々の心のなかに負の記憶として溜め込まれ、あるいは殺人をおかしたことで社会からなんらかの形で罰せられ、そのようにして築かれた道徳心が、殺人の大罪を忌避するような価値観になったとも考えられる。そこには人間になることによって、矛盾を否定するのでなく、内に包み込むかたちで帳尻をあわせているという図式が読み取れる。これこそまさに、本書のテーマと一致する点でもある。

ドストエフスキーの『罪と罰』に登場する貧しい学生ラスコーリニコフは、あこぎな金貸しの老婆とその妹を殺害する。その老婆は愚鈍で耳が遠く、そのくせ欲が深くて、自分の妹を女中代わりにこき使い、いじめ抜く始末。

ラスコーリニコフは、非凡で才能ある人間には、周囲に害を及ぼすだけのような凡人は、殺しても許されるのだ、という思い上がった考えを持っていた。しかしその殺人後、(深層心理から湧き起こる)悪夢に悩まされ続ける。作品ではスヴィドリガイロフが彼の深層心理の代弁者として登場し、彼を心底から揺り動かし続けた。さらに予期せぬ孤独感に苛まれているなかで、素朴ともいえる娼婦ソーニャのキリスト教的愛に触れて安らぎを覚える。

だが、いずれにせよ依然として「ではなぜ、人間が人間を殺すのはいけないか」については、直接にはほとんど何も答えられていない。事件後に心理的に苛まれることにはなったとしても、だから「前もって、そのような行為は避けるべきだ」という指針的解答にはならない。

つまるところ、「なぜ殺人がいけないか」と問うことは、「不適当な問」として切り捨てられるしかないのだろうか。

ドストエフスキーは、キリスト教的愛により精神的に救済を求めようとしたが、果たしてそれだけが救いだったろうか。フロイト流にいえば、ホモ・プリミゲニウス（フロイトのいう原始人。学名の形式をとっているが、学名ではない）の時代から刷り込まれた行動のパターンが、彼を揺り動かした精神分析学的な原因だともいえるのではないか。

もしそうだとすると、「人間には（本能として）殺人はそぐわない」と断じて、この問題はここで切り捨てるしか仕方がない、ということになってしまう。

## 6.3 「事実は小説よりも奇なり」と、バイロンはいう

極端に非道な行為に対して、「獣の皮をかぶった人間の行為」とか「弁明不可能な行為」という表現がよく使われる。

出発点では条理的でも、興奮してエスカレートしてくると、条理が薄れ、ついには狂気だけになる非道も多い。「無条理」な状況だ。しかしその現象が日常化してくると恐ろしい。

イギリスの情熱詩人バイロン（1788–1824）は、「世のなかに実際に起きるできごとは、虚構の小説以上に不可解で、複雑で、波乱に富んでいる」（Fact is stranger than fiction.）と、作中人物ドン・ジュアンをして慨嘆させた。だが、今の私たちの周りでは、毎日のように常軌を逸したできごとが起きていて、一々取り上げるに事欠かない。まことに「事実は小説よりも奇なり」だ。

カミュのいう不条理では、みずからの条理とそれとは相容れない条理との軋みという意味では、アンチ条理という条理が存在していた。だが、ここではもう少し突っ込んで、「無条理」としかいいようのない実例について考えてみよう。

父や母が子を、子が父や母を、虐待し殺害する。大の男が幼児を性的な慰めのためだけに拉致して殺害する。あるいは同棲の乱れた生活に邪魔だからと、幼い連れ子を死ぬまで折檻し続け、虐待する。このような鳥肌が立つような、まるで地獄絵さながらの事件が、今もどこかで起きている。それも、日本だけでなく、ヨーロッパやアメリカでも……。

一々具体例を数え上げたら際限ない。まさに現代の社会現象の一つになってしまった。

だが、他人ならぬ身内の間での殺害となると、人間の人間たる所以である家族が崩壊することをも意味する。というのも二〇〇種もいる霊長類のなかで、人類だけが家族とよべる社会の仕組みを獲得し、それをきっかけに進化して人間になってきたことは（人間化、ヒューマニゼーション）、今では定説になっているからだ。

ところで、これらの無条理なできごとが、どうしてこうも次から次へと起きるのだろう。これはもう偶然ではない。くり返し起きるということは、もはや偶然とはいえないからだ。だとすると、現代という世のなかの仕組みから生じた必然的な病理としかいいようがない。

悪行や罪にもいろいろあろうが、とくに殺人や弱者への虐待などになると、じかに人の生命にかかわる行為なので、盗みや騙しなどと同列に考えることはとうていできない。

人間社会での悪徳や反道徳は、重大なものほど時代や部族や民族の違いを超えて、いつでもどこでも強く糾弾されているのは、当然といえば当然のこと。そのようなカテゴリーに含まれるできごとの一端を、思いつくままに挙げてみよう。

このような実例は、本書を執筆している現在も、これからも際限なく、しかももっとエスカレートしたかたちで続くことだろうから、ほんの思いつくままに、実例をいくつか挙げるだけに留めよう（事実その通りになっている）。

**実例一**：平成九年、神戸の小学生殺傷・死体遺棄容疑で逮捕された中学三年生の神戸児童殺傷事件（酒鬼薔薇聖斗事件）は、改めて詳述する必要もない大事件で、少年法の見直しを提起するきっかけになった。

**実例二**：平成一二年五月に、豊川市の「ごくふつう」の少年が老主婦を刺殺した。動機は「人の死ぬところが見たかった」「人を殺す経験をしてみたかった」と、あっけらかんとしたもの。検察側は少年の責任能力を認めたが、家裁側の見解に従って、精神鑑定結果に沿い、発達障害の一種である「アスペルガー症候群」と認定。高い知的能力と素直な性格を考慮して、「専門的治療で社会性を回復しうる」と結論づけた。人間の行為を、心理的・精神医学的に分類すると、そうなることだろう。だが、なぜこうも同じパターンの行動が続発するのだろうか。そこに問題がありはしないか。

**実例三**：平成一五年一一月、大阪河内市で一家殺傷事件が起きた。一九歳の大学生と一六歳の女子高生が、言語に絶する残虐な事件を引き起こしたのだ。

今のところ事件の大すじだけで、動機や内容などは不明のままだ。真実のほどは、これから明らかにされることだろう。だが理由はともあれ、できごとはまことに奇を通り越して、不可解ですらある。

この実例には重要な問題が二つある。ただの殺人ではなく、身内の尊属殺人だ。先述のように進化史的に人類に人間性が芽生えた大きなきっかけの一つに家族の形成があった。家族が出現したことで、人類は生物の域を脱して、人間になり得たのだ（江原　一九九九）。だからこの事件は、その家族が土台から崩壊してしまったことを示している。

本人たちの言い分から察するに、今さらいう必要もないほど動機は幼稚で、おまけに両人とも自殺願望。事件を起こす前に「人を殺してみたかった。家族を選んだのは、やりやすいからだ」という理由だけからのようだ。別に家庭が荒れていたわけでもなく、とくに家族を恨んでいたわけでもないらしい。それだけに、かえってこの事件は恐ろしいのだ。自分たちの自己中心的な思いを遂げるべく、銘々の家族の存在が邪魔だというだけで、相談の上、皆殺しを企てたという。そして男子学生の家族の方は、母親は惨殺され、父親と弟は重傷、一方少女の家族の方はすんでのところで、その狂った目論見が発覚して挫折した。

もし精神的に未成熟であることが原因だとしたら、未成熟者の責任を問うことになり、法的に背理の穴に落ち込むことになる。また、社会教育や家庭・学校の教育の不備については、すでに「語るに落ちた」感もする。先述のように同じような事例が相次いで起きるということは、もはや偶然とはいえない。ということは、その原因が社会の仕組みにあるのか、事件を引き起こした人間の側にあるのか、あるいはその両者の関係のなかにあるのか、ということになるだろう。もう少し事例を拾ってみる。

**実例四：**名古屋市の通り魔事件。「平成一五年三月三〇日夕刻、北区の路上で、人望もあり看護師として将来を嘱目されていたSさんが殺害され、一緒にいた友人から七〇〇〇円が強奪された」の記事。犯人の伊田（三九歳女性）は二日後の四月一日には同市千種区で、よく似た事件を起こし、別の女性を刺して重傷を負わせている。この犯人は平成一六年一月に逮捕され、殺人と強盗の罪で起訴された。そのときの犯人の言い分は、「ヒトを包丁で刺したらスカッとするかもしれない。刺してみたかった」「どうせなら清楚で将来がある若い女性、苦労を知らずに育ったお嬢さんを刺したかった。相手が幸せから不幸のどん底に落ちると、すっきりすると思った」「ペットの愛猫が具合が悪く、イライラしていた」など……。

当初から他人の幸福を妬み、その妄執が殺人を引き起こした。動機は金目当てというよりも、やっかみ。それなら、他にも手段はあったはずだが、「人を刺してみたかった」というのも本音のどこかに混在していたようだ。

他人の幸福をぶち壊すことで、ひとりよがりな自己満足に浸った。その対象に弱者を選び、ついでに七〇〇〇円強奪したという複合的で未熟な本音が見え隠れする。はじめから七〇〇〇円目当てで殺害に及んだとは考えにくい。

犯人は逮捕されるまで散々捜査を手こずらせておきながら、逮捕されると「見ず知らずの人に取り返しのつかないことをして申し訳ない。どんな重い処罰を受けても仕方がない」としおらしげな告白をしているが、ここまで決心していたのなら、なぜ自首の気持ちが湧かなかったのだろう。たしかにそのような後悔の念も混在していたかもしれない。しかし、それは犯してしまったからこそ生じた自己弁護ともとれる。

**実例五**：さらに拍車をかけた事件も起きている（平成一三年六月八日）。大阪府池田市の付属小学校での多数の学童殺害事件だ（八人死亡）。犯人は世を拗ね、恨み、挙げ句に自暴自棄になって犯行に及んだ。人格障害とか薬物依存という前に、このような事件が起きるべくして起きたということの方が重要だ。

## 6.4 無条理そのもののようなできごと

とうとう不条理の条理をも突っ切った、いわば無条理としかいえないようなできごとが起きた。

**実例六**：平成一六年七月二二日に、まるで理解しかねる不条理、病理の極致ともいえる事件が富山県の福光町で起きたのだ。大都会ではなく、日常はさほど喧噪ではない山間の小都市だ。

すでに指摘したように、カミュのいう不条理にはアンチ条理という条理がある。その条理さえ見出せない無条理なできごとが福光町で起きたというわけだ。

この事件は宵の夏祭りに参加していたサラリーマン（二三歳）が刃物で刺され、重傷。事件を起こした女子高生二人が、少し離れたところでしゃがみこんで、事件に驚き右往左往する人々や成り行きがどうなるかを眺めていたという。被害者のサラリーマンとは面識すらない。前夜から前もって包丁を購入し、相手を物色していたところをみると、とっさの偶発的な出来事ではない。公衆トイレでリハーサルさえしていたというから呆れた話だ。理由はかなり言い訳めいているが、「イライラから人を刺したかった」と、ただそれだけ。

**実例七**：平成一七年二月二七日、中津川市六人殺傷事件起きる。一家親族の親子・孫六人殺傷される。殺傷者は公務員で、穏やかな人柄。一家は近所の評判もよく、近所でも理解できないと首を傾げる。

いずれにせよ殺人者が、前もってかならず後悔することになるからと予見して、「だから人を殺してはならない」と、行動を抑止するわけではあるまい。むしろ「殺人はいけない」という掟の通念が心の奥深く根を張っているからこそ、ラスコーリニコフのように犯行後に精神の沈静が襲ってきたときに、「すまないことをした」となるのだろう。でも、なぜだろう？

これらの事件が続発するのは、今の社会の常識から見て、本人の常軌を逸した行動であることはまちがいないが、共通していえることは、精神的に未熟で自己の抑制力が弱くなっている（俗に、切れやすくなっている）と同時に、容易にそのような行為に走ることを許容する社会の側にも問題がある。もっと突っ込んでいえば、社会の側でそのような行為を許容するばかりでなく、ほとんど規制がないといってもよい出版物や携帯電話、インターネットの情報などを通じて、社会の方から誘発している面もある。

そのうちに、これらの犯行はだれもあまり驚かない一般的な現象もしくはパラダイムということになりかねない。いうなれば、社会の病理が肥大し露呈してきたということかもしれない。

たしかに今、この種の事件が起きても、私たちの意識が「まさか」から「またか」へ、そしてさらに「いつも」のことだと、変わりつつあるのが恐ろしい。

つまり社会にも歪みがあり、そこに住む人間が容易に落ち込む陥穽が多くなったとしか思えない。個々の偶発的なできごとというよりも、これらの犯罪は予測しうる社会の病的現象になってしまったと理解した方がよい、という人もある。

正常な論理で解釈できない事件の動機を、その人間の狂気と位置づけるのは論理的にその通りかもしれない。だが、そのような人物がそこかしこでうろつく社会の方も病んでいるというわけだ。

まずは、なぜこのような無条理が生ずるのか、その原因を知ったところで解決できるわけではないが、そのようなことが起きる状況をしっかり見定めておくことも大切だ。まず「知ることは解決のための最大の戦略だ」といわれているではないか。

# II

# 殺人の考古学

# 眼窩

江原　律

もう　溢れるものはない
もう　閉じられることもない
眼窩
そこから
見えているのは　闇
それとも
遠い光

# 1　最古の殺人

話の都合もあるので、この辺で簡単に人類史的な殺人の系譜を吟味しておこう。

## 1.1　カインとアベルについての新しい解釈

ほとんどの人が知っていることと思うが、旧約聖書の創世記には、「食べたら死ぬ」といわれていた禁断の木の実を口にしたため楽園を追放された、アダムとイヴの有名な物語がある。その長男カインと次男アベルの物語も有名だ。二人のあいだで、人類最初の殺人、しかも兄弟殺しという身内の尊属殺害事件が起きたからだ。カインは、自分よりも弟のアベルが捧げた供物の方が神に喜ばれたのを妬んで、アベルを殺害し、神の前を去ってエデンの東ノドの地に移り住んだという。

悪行や罪にもいろいろあろうが、とくに殺人や弱者への虐待などになると、じかに人の生命にかかわる行為なので、盗みや騙しなどと同列に考えることはとうていできない。ましてや尊属殺人となると、もう一段上の背徳事件になる。

人間社会での悪徳や反道徳が、重大なものほど時代や部族や民族の違いを超えて、いつでもどこでも強く糾弾されているのは、当然といえば当然のこと。たとえば旧約聖書以後のキリスト教世界だけでなく、アフリカの遊牧民マサイ族の間でも、道徳規準の十戒が掲げられている。マサイ族では、彼らが喋るアムハラ語の「十」という語は、「すべて」ということを意味する。だから、そこで掲げられた掟は、マサイの人間にしてみれば、人間であるかぎり守るべき道徳が網羅されているということだ。ここで両者の十戒をつきあわせて比較してみると、あまりにもよく似ていて驚く。

ちなみにキリスト教文化もマサイ文化も、いずれも人間が営む文化や社会なのだから、その戒めも類似したものになっているのだろうか。あるいは、マサイ文化と太古のヘブライ文化とは、同じ部族文化から派生した同源のものだからかもしれない。その場合、戒めの中身が些細な点で違いもあるものの根っこは同じだったが、遊牧民としてのマサイ人と定住化したヘブライ人との間で生じた適応的な違いにすぎないとも考えられる。いずれにせよ、キリスト教文化の発祥地はヨーロッパではなくて中東であり、その最初の担い手は中・近東の人たちだったということになる。

キリスト教世界と大きく異なる仏教世界でも、修道僧が仏道に入るべく課せられた十戒がある。キリスト教世界での十戒とはいささか意味が違うかもしれないが、いずれの場合も、宗教的な戒律が、その部族や民族の倫理の基準や道徳規範になっていることを見逃してはなるまい。いささか話の本筋から逸脱するが、この事実は現代人の心から神仏を見失ってしまった現代にこそ、再考すべき重要な示唆を与えてくれる。

話を元に戻して、改めて十戒問題を人類学的に解釈し直してみよう。神話について、このような解釈を試みること自体、ほとんど無意味だとは思う。しかし、大切な問題も含まれているので、あえて試みてみたい。まず字義どおりに理解すると、アダムとイヴが住んでいたエデンの園では、禁断の木の実を口にするまでは、人間は不死だった、死の観念もなかった、したがって殺しもなかった、ということになる。

ただ、この事件は人類学的には、きわめて象徴的だ。すでに述べたように、第一に信仰上、創世記そのものが人類最古の歴史を扱っているのだから、カインは人類にとっては最古の殺人者だということになる。

第二に身内殺しというできごとで、人類の重要な特徴の一つである家族の崩壊が始まったということを意味する。

第三に世界宗教以前の部族信仰（祖先神崇拝）や原始宗教のレベルでもすでに、家族やその延長としての部族のメンバーとして、あるいは人間として、生きるべき行為や行動の規範があったことが、神話や伝説や民話などからも窺える。

## 1.2 実存的な時の流れ

私たちは時の流れのなかに、どっぷり浸りながら生きている。そのくせその実態は訊かれても簡単には答えられない。そのようなことから、人間が人間として物心がついてからというもの、洋の東西で、哲学や科学や心理学や民俗学や仏教などの分野でも、時間や時の流れについて、深く思索されてきた。その得体の知れなさを、作家の高樹のぶ子は小説『満水子』のなかで、次のように実存的にうまく表現している。私もまったく同意見なので、ここではそのまま引用させていただく。

「時間は地上の万物に均質に降るのではなく、私たちの記憶同様に、濃く浅く、部分によっては歪んだり伸張したりするのかもしれない」。

時間をむずかしくとらえてスコラ的な迷路に入り込むことは止めて、高樹氏同様に実存的・歴史的に理解しておきたい。

## 1.3　太古の時間や空間にも歴史的な構造が設定できる

太古の時代にもまちがいなく時は流れていた。だが、常に物理的に今と同じリズムと濃さで、歪みや伸び縮みなく、逆行することなく直線的に流れていたと考える必要はあるまい（物理的時間）。高樹氏同様に、時間を実存的・主観的・意識的に理解する方が現実的な場合もある。

カントは時間や空間を、経験によらない人間としての生まれつきの直観形式（ア・プリオリ）と見立てているが、ゴリラやチンパンジー以前からそうであったとは考えにくい。日常的に理解している時空の概念は、人間に特有のものと考えてよさそうだ。だとすると、それは人間が「死」を通して過去や未来を認識しはじめたネアンデルタール人以降になって、急速に発達したということになるのかもしれない。その時空の意識を人間は未来や過去へと延長できるようになったということだ。だから太古にも物理的・客観的な時空があったのでなく、現象学的に現代の人間の時空認識が過去の構成に届きはじめたと考えた方が適切だ。

ダーウィン以来ようやく進化論が市民権を得た頃になっても（二〇世紀前半）、まだ過去といっても、あるところから先は想像の矢も届かない、無と暗黒の静止せる無時間の空間という認識が一般的だった。

たとえば精神分析学で有名なフロイト（1856–1939）やユンク（1875–1961）の時代になって、化石人類の実在の片鱗が知られるようにはなっていた。フロイトはようやくホモ・プリミゲニウス（原始人）という曖昧な過去の人間を想定して、その太古の体験が人間の無意識の構造にトラウマとなって刻み込まれていると考えた程度だった。

創世記が語られた当時も、歴史時代に入ってからも、まだ「過去」の認識は時間概念としてはきわめて稀薄だった。そこに見られる創世記は、現在の人間の感覚で見直してみると、いつ頃のことになるのだろうか。たとえば一七世紀の「新約・旧約聖書の年代記」でも、天地創造はイエスの生誕前四〇〇〇年一〇月二三日午前九時、バベルの塔建設は紀元前二三四七年だったという。それ以前は時間も空間も静止した暗黒の世界。だからそこには歴史も存在しなかった。たしかに太古とか大昔とか往古などという表現はあった。しかし、大まかに遠い過去というだけで、きわめてあいまいな概念だったといえよう。

しかし現在では、人間の認識の延長が、過去にも今と同じように時が流れていたと考える。堆積した地層から地球の歴史を読み取る地質学や、その地層から出土する太古の生物を研究する古生物学や、化石人類が残した文化的遺物を研究する先史・考古学などが発達して、今と同じように過去にも刻み込まれた歴史的な構造があったことが知られるようになったというわけだ。

そして人類の祖先である化石人類が続々と発見されるにつれて、驚いたことに彼らの間でも殺人の痕跡があちらでもこちらでも数多く見つかってきた。人類になった途端に、仲間殺しの証拠がクローズ・アップされてきたのだ。

## 1.4　殺人はまことに人間的な行動だ

### 1.4.1　ジャワ原人の謎

「一つの謎が解けると、二つの謎が生まれる」とは、何と皮肉なことだろう。だが、自然科学、とくに人類の進化を探求する世界では、このようなことはごく当たり前。化石の一つでも発見されると、場合によっては、それまでの進化のパノラマががらりと変わってしまう。

一九世紀後半から二〇世紀前半にかけて、ようやく人類の過去や進化についての具体的な手がかりが、化石

図 2-1　ヘッケルの猿人想像図．ヘッケルはみずから考案した人類系統樹で，「言葉を持たないサル的なヒト」を仮想し，ピテカントロプス・アラルスと命名し，将来必ず化石で発見されると予告した．類人猿同様，全身毛もくじゃらで，女性の足の親指は大きく，まだ物が掴める．男性のヒタイは低く，知能は未発達で，腹は膨満している．女性が口紅を塗る唇や，鼻尖の発達はサピエンス並みでゴリラと大きく異なる．この絵を見たケーニクスワルトは，ジョーク混じりに「このカップルは幸福そのものだっただろう．女房は彼に楯突くことはなかった．というのも二人ともまだ，言葉をしゃべらなかったからだ」と評した．ただ，パパとママとベビーで家族を形成していたと描いた点は評価できるだろう．

という形をとって私たちの目の前に姿を現しはじめた。その最初の例が、一八九〇〜九二年にかけて、ジャワのトリニル河沿岸で発見された約七〇万年前の俗称ジャワ原人（学名 *Homo erectus javaensis*）だ。発見されたのは、頭蓋冠（俗に頭の鉢と呼ばれる部分。頭骨の頭頂部）と左大腿骨だ。

本書のテーマとはあまり関係がないので、簡単に触れるだけにしておこう。この化石は人類の祖先の謎の一つを解くと同時に、もっと深刻な謎を当時の人々に投げかけた。頭蓋冠を見ると、形はもとより脳の大きさも約九五〇立方センチメートルで、ゴリラ（約六〇〇立方センチメートル）と現代人（約一四〇〇立方センチメートル）のほぼ中間に位置する。ところが大腿骨の形態は、まるで現代人と見まがうほどまっすぐで、このことからジャワ原人は多分二本あしですっくと立ち、スタスタと歩いていたと思われる（この事実が学名ホモ・エレクトゥスに反映する）。あえていえば、「サル的なあたまとヒト的なあし」という不釣り合いな組み合わせだ。これが真実なら、まるでギリシャ神話から抜け出たスフィンクス（あたまがヒトで胴がライオン）やミノタウルス（ヒトの身体にウシのあたまの怪獣）やケンタウロス（ウマの身体に上体だけがヒト）の再来も、現実味を帯びてきて、ありえない話ではないということになる。

余談ではあるが、デュボアの後を受けて、ピテカントロプスの研究を継いだケーニクスワルト博士を、ゲッティンゲン大学時代の同僚のフォーゲル教授と、フランクフルトのゼンケンベルク博物館に訪ねたときのこと。

「ちょっと珍しいものをお目にかけましょう」

といって、標本棚から取り出された一個の下顎骨。ジャワのサンギラン更新世中期の層から出土したもの。その右半分には一・五センチメートルくらいの等間隔に並んだ四個の円錐状の孔が空いている。

「この穴を何だと思いますか？」

と、彼は私たちに問いかけた。ワニの歯跡だ。思えばトリニル出土の大腿骨にも同じような穴があった。十二分に化石化が進行して、ずしりと重くなった冷たい実物を手にしたとき、この個体の断末魔の絶叫とあがきが、七〇万年の時の隔たりを超えて、ひしひしと伝わってきた。

引き続き博士の案内で、館内を巡回していたときのこと。標本棚の一つに、南アフリカ出土の女性のステルクフォンテン頭骨化石のレプリカ（猿人。俗称プレス夫人。だが博士はまだ猿人とは認めず、化石類人猿と考えていた）が、これ見よがしにメスのチンパンジーの頭骨と並べて展示してあった。思わず立ち止まって眺めていると、彼はニヤニヤしながら「どうです！　よく似ているでしょう。南アフリカのアウストラロピテクス類は所詮類人猿なんですよ」といった。この当時はまだ、猿人類の系統上の位置もはっきりしていなかった。一方、アメリカのウォシュバーンも『Ape-man or man-Ape?（猿人か人猿か？）』（一九六三）という小論を書いたりしていた頃のことだ。ケーニクスワルトは人類起源アジア説の最後の旗手で、アフリカ説は認めていなかった。あくまでプレス夫人はチンパンジーに近いものだと考えていたのだ。

### 1.4.2　北京原人の謎

ジャワにおけるこれらの発見が刺激となって、一九二七年以降に北京郊外の周口店洞窟内でも、俗称北京原人の化石（学名 *Homo erectus pekinensis*。約四〇個体分以上）や遺物が続々と発見される。時代は更新世中期、つまり八〇万年前から五〇万年前頃までも昔に遡る。ひょっとすると、これらの豊富な化石からだれもが期待するように、ジャワ原人の「あたまとあし」の不可解な組み合わせが正しいのかどうかの謎を解くヒントが見つかるかもしれない。

ところが調査が進行しても、この謎を解きうる手がかりになる化石が、まったく発見されない。それどころか、長い管状の骨（長管骨）である大腿骨や上腕骨も見つからない。その上、だれかが故意に攪乱したかのように、バラバラの状態で発見されるのだ。どうも、それらの人骨の持ち主が、静かに最後の眠りについた場所ではないらしい。

北京原人の優れた研究者だったワイデンライヒ博士（F. Weidenreich, 1873-1948）は、周口店の洞窟で発見された北京原人の化石骨を丹念に調べていくうちに、あえて身内殺しとはいわないが、同種（仲間）殺しの、動かせない証拠に直面した。

彼は、続々と発見されたいくつかの長管骨をくわしく調べていくうちに、その両端にカット・マーク（切り込み痕）があるのを見つけた。これは原史時代に入ってからも、狩りした獣骨から肉を切り取るときに残されたカット・マークと、位置といい形状といい、まったく同じだ。つまり、何の目的でこんなことをしたかは別として、死後に肉を切り取った跡であることだけはまちがいない。

ちなみに、このような特徴は縄文人の出土骨でもしばしば見られる（たとえば東京都の大森貝塚、愛知県の伊川津貝塚など）。これはかならずしも、カンニバリズム（食人風習）の名残でなく、改葬・再葬や洗骨葬などを行うために、残存している肉片の除去などの際についた傷痕かもしれない。それを推測させる実例を、私は伊川津貝塚の盤状集積で観察した（図2-2）。一次的に埋葬した遺体がほぼ骨化した頃に、長管骨で四角の枠を作り、四隅に頭骨片を割って設置し、枠内に身体の他の部分の骨を細かく砕いて収める。骨化が十分進行していないときには、肉片を切り取らねばならない。その際に切り込まれた痕跡がカット・マークだったと考えられる。だから、カット・マークが認められれば食人の痕跡だ、と決めつけるのは、やや早計だ。

しかし北京原人では、長管骨の骨体部が縦に割かれたものが多く、それは肉食獣が歯や牙や鋭い鉤爪でできるような形状ではなく、手と石器のような道具を使って長管骨を割き、骨髄を取り出したり啜ったりするときに生じた痕跡だ。

図 2-2　伊川津盤状集積図．縄文時代後・晩期．大腿骨や上腕骨などの長管骨で四角形を作り，その四隅には脳頭蓋骨を割って設置．その四角枠のなかに，その他の骨を砕いて入れる．再葬の一種．

原人段階では、まだ埋葬の習慣もなく、ましてやアニマティズム（自然界の事物にはすべてに霊や生命が宿ると考える信仰）やアニミズム（自然界のどの事物にもそれぞれの霊が宿ると考える信仰）のように精霊を崇めたり怖れたりする風習も、遺物を通してみるかぎり、存在したとは思えない。したがって現在でも未開社会などで見られるしきたりで、崇拝する先人の霊をみずからの肉体に取り入れるべく、儀礼的にわずかな身体部分（主に心臓）を口にするといった風習も、ここでは考えられない。すべてをあわせ考えると、切り取った肉片や骨髄は胃の腑を満たすべく食したのではないか。暗澹たる推測だが、証拠が揃いすぎているのだ。

すでに述べたように、骨や歯がバラバラに出土し、欠損部も多いことから、それらの持ち主が最後の眠りについた場所でないことは明らかだ。何者かによって地面に投げ捨てら

図 2-3　チェコの画家によるクラピナ人（ネアンデルタール人）の食人風景．火を囲んで 1 人は頭部をかかえ，手前の 1 人は大腿骨を裂いて骨ずいを取り出している．奥の 1 人（右）は大腿骨か上腿骨の肉を食している．

れ、放棄された状況を示している。

もっと恐るべきは、頭骨とそれらが発見された状況だ。五個の頭骨は、洞窟内の底の方に無造作に投げ捨てられた状態で、頭蓋冠部はほぼ無傷なのに、頭蓋底部がまるで棒を突っ込んで脳ミソを掻き出したかのように打ち砕かれている。

これらの状況は、いったい何を意味するのだろうか。

状況から察すると、この洞窟の住人は、ときには付近に住むよそ者を拉致してきて、火を取り囲みながら野外の宴を張って骨髄を啜り、頭骨は洞窟内に持ち込んで、脳をすくい出して食べた可能性が高い（図 2-3）。

人情として、私たちは自分の祖先に残忍な殺戮者や野蛮な食人者がいたということには目を覆いたくなる。この事実だけで、人類のリストから抹消したくもなる。だが、私たちはまさにこのような陰惨な事実に直面することになったのだ。

　ワイデンライヒは、少し解釈を和らげて、この頭骨は戦利品で、脳を取り除いたものかもしれないとも考える。あながち荒唐無稽な話ではなくて、私も同様な事例を経験した。かつて、スマトラ島の西でインド洋に浮かぶ京都府くらいの大きさのシブルット島で調査したときのこと。その際、原住民たちのコテージ入口には、テナガザルやメンタウェイ・シシバナザルの頭骨が狩猟の戦利品よろしく数多く掲げられている。民族学者によると、かつての首狩りの風習の名残だという。二〇世紀になって、この島に宣教に来たドイツ人神父が、その蛮行を止めさせたが、長年の伝統的な習慣のことゆえ、その風習を止めることができず、代わりにサルの頭をハントしたのだと知った。

　また、二〇世紀中頃活躍した人類学者A・モンターギュは、北京原人たちは脳を除去して頭蓋冠部を容器として使ったのではないかという。しかし、この推測は、現代の民族学的調査から得たヒントにすぎない。

　いずれにせよ、この惨憺たる証拠を救う解釈として、北京原人よりももっと強力で優れた人類がいて（道具を使用する人類でなければできない仕業）、彼らが行った蛮行という考え方も成り立つ。だが、その論理では北京原人を救済し得たとしても、ヒトの仕業であることを払拭することはできない。つまり、北京原人は犠牲者であって、彼らよりももっとヒト化が進んだ人類の仕業だったということになり、ただ話をずらしただけのことで、蛮行という点では変わりがない。

　結論として、だれかが北京原人を食っていたという事実だけが残り、それは親子兄弟の身内どうしでとはいわないが、北京原人自身だったというのが、もっとも可能性が高い。

　当時としては、せっかく最古の人類祖先を発見したとして、世界中が沸き立っていたのに、その人類祖先が殺人者であり食人種だったということの驚きは大きかった。自分たちの祖先を神聖で清潔なものとして受け容れたいというのは、だれもがもつごく自然な人情というものだろう。ドイツの著名な人類学者ハンス・ワイネルト（H. Weinert, 1887–1967）は、むしろ逆説的にこの事実こそ、人間の特性だとして素直に受け容れ、「人が人を殺して焼いて喰う。これこそはまことにヒト的な行動だ！」といって、皮肉なことながら、カンニバリズムを前向きに理解し容認した。

### 1.4.3　猿人類での殺人の痕跡

一九三〇年頃までは、最古の人類がジャワや周口店などから出土する現状から、アジアこそ人類誕生の地だったと考えられた。しかし一九二四年に南アフリカにおいて、時代的にもっと古い化石が発見された。もしこれが人類であるとしたら、人類発祥の舞台はアジアでなくアフリカではないかということになる。そして主役も原人類よりもっと古い猿人類に移り変わっていくことになる。

そのきっかけは一九二四年に、ダート（R. Dart）によって猿人第一号（子どもの頭骨で、アウストラロピテクス・アフリカヌス *Australopithecus africanus* と命名）が発見され、報告されたことによる。しかしこの化石が人類として一般に承認されるまでには、ほぼ四〇年という長い忍耐の年月が要求された（江原　一九七六）。

第二次世界大戦という不幸な中断を経て、ダート教授はプライスの個人的な資金援助を受けて、一九四七年四月から四八年七月まで猿人アウストラロピテクスの発掘調査を行い、プライスの死により発掘は中止された。期間こそ短かったが、そのときの発掘で収集された貨車約四〇台分の岩石に埋まった猿人化石や獣骨の資料を整理しながら、ダートは不思議なことに気がついた。

猿人たちは自分たちの生活のなかで、蹴りの力を秘めた有蹄類の大腿骨を棍棒代わりに、また、先が尖った角を刺突用に、さらに鋭いエッジのある肉食獣の歯牙が生え揃った顎骨を肉剥ぎ用に、それぞれに利用してい

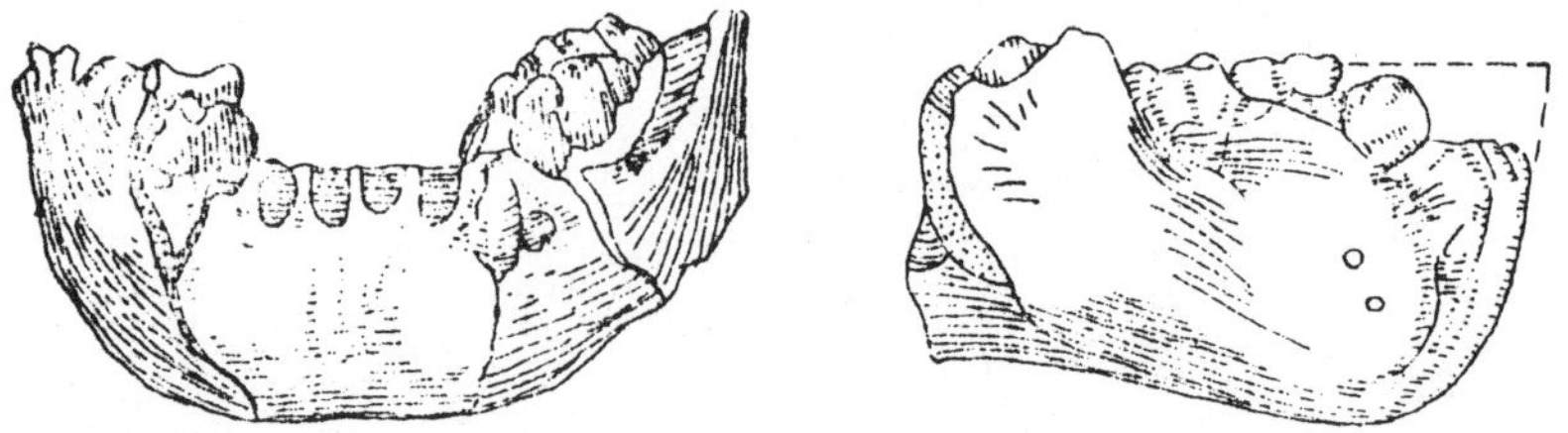

図2-4　マカパン出土の打撃痕のある，猿人のこどもの下顎骨．その前面は打ち割られている．

たらしいのだ。その道具として利用した使用痕や獲物の猿人による殺傷時の損傷例が多いので、ダートはその痕跡を調べていた。そのとき、調査員のひとりが一個の猿人の下顎骨を拾い上げてきた。それは一二歳くらいの猿人の子どものもの。その前面は強い打撃を受けて、打ち砕かれていた（図2-4）。

その損傷部には治癒の痕跡が見受けられないことから、死の直前に受けたものであることはまちがいない。このような損傷例は、マカパン洞窟出土の猿人ばかりでなく、近くのステルクフォンテン洞窟で発見された猿人でも発見されている。ひどいものでは、前頭骨の左側の一部が陥没して脳にまで喰い込んでいる。そして右側は側頭骨の下にめり込んでいる。また、別の個体では脳頭蓋に、多くのヒヒの頭骨にも見られるような、たとえばカモシカの大腿骨の端（近位端）を握って棍棒代わりに相手を打ち据えると、それにぴったりと合うような二つ並んだ陥没がある。これらの事実は何を物語るのだろうか？（図2-5d）

早々と、北京原人の殺人と食人の実例を読み取っていたドイツのワイネルト教授は、かつては猿人の殺人行為については懐疑的だったが、この時点では、

「猿人が人間になりつつある最初の行為として、プロメテウス的行動（予見的行動）をしたということはすばらしいことだ。けれども同時に彼らはカイン（前出）として振る舞ったことも、見逃すわけにはいかないのである」

とつけ加えている。つまり猿人類（小型猿人。猿人には大型と小型の二グループが

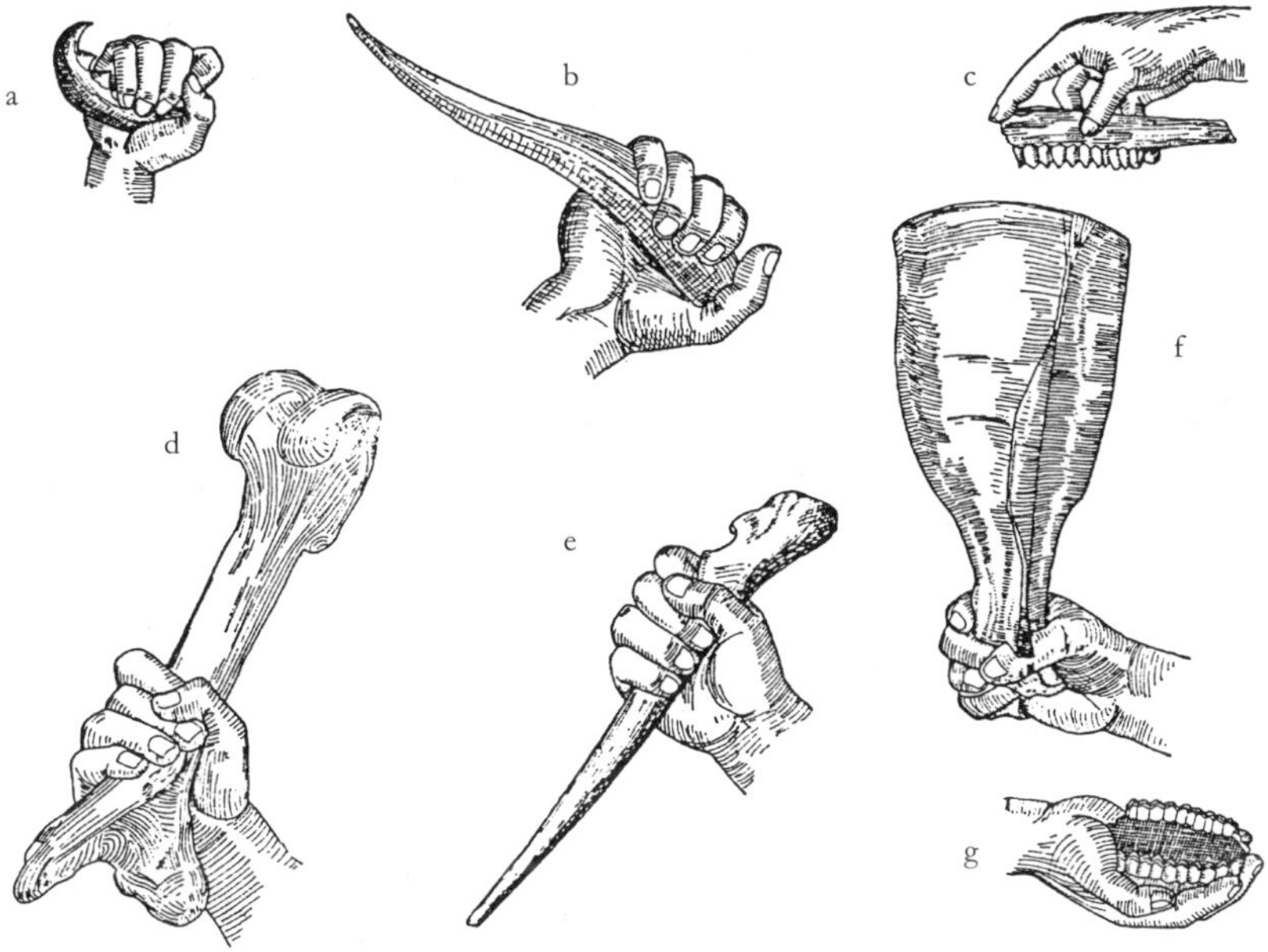


図 2-5　マカパン出土の骨歯角器の使用例．これらのなかのあるものは，今日もバントゥ族その他の未開民族で同じように利用されている．

あった。江原　一九七六）は人類の祖先であると同時に、現存のゴリラのような平和な植物食者・果実食者ではなくて、狩猟者であり、殺戮者であり、食人種でもあったのだ。

それにしても猿人類の人間的な資格を認めるのに、もっとも非人間な行動がその決め手になるとは、何と悲しく、痛ましく、皮肉なことだろう。

ダートは、この重要な事実を「サルからヒトへの捕食的移行」と題する論文にまとめ上げたが、どの学術雑誌や啓蒙書なども掲載を拒否する。各学会や出版社を散々たらい回しにされた挙げ句に、『国際人類学・言語学輯報』がしぶしぶ掲載を承知してくれた。それでも編集者はその序文に、耳を覆いたくなるような低劣な認識を丸出しにして、

「いうまでもなく、この連中は現世ブッシュマンと黒人の祖先にすぎず、それ以外の人類の祖先ではない」とつけ加えているのだ。当時の認識は悲しいことに、この程度だったのだ。

いずれにせよ、自分たちの祖先が残忍な殺戮者であったという耐えがたい不名誉に目を閉じたくなる気持ちが働いていたのだろう。けれども、もしそうだとしたら、今日もなお、熾烈さを増しながら、超近代的兵器を使用して、眉一つ動かすことなく、人類が人類を、女や子どもや老人を無差別に殺戮し続けている歴史的現実と、人間性のどこか奥深いところに潜む残忍性とを、どう理解したらよいのだろうか。今も身辺で激増しつつある無条理で非人間的な行為は、どう理解すればよいのだろうか。

### 1.4.4 シャニダール洞窟内でのできごと

人類の祖先には、暗くて救いのない話ばかりではない。その一つを紹介しておこう。

一九六〇年といえば、日本では東京オリンピック開催に備えて忙しく、その象徴ともいえる新幹線の完成も目前。日本国内は目を見張るような高度経済成長に沸き返っていた。

そんなある日、イラクの北方に位置するシャニダールという洞窟では、大変な発見がなされていた。その遺跡は七万五〇〇〇年ほど昔のものだ。しかし今も遊牧のクルド人たちが、季節的にやってきては、この洞窟をねぐらにしている。

分刻みで忙しい毎日を過ごしている現代生活のなかでは、いきなり七~八万年前という時間の数字を聞くだけで、なんだか時計の針が吹っ飛んでしまった話のように感ずるかもしれない。あるいは日常とはかけ離れた別世界の話のように思われるかもしれない。無理もない。人類学者や地質学者は、いとも簡単に一〇万年とか一〇〇万年などという。だが、地球や生物の歴史からみると、八万年などは、あっという間のできごとなのだ。

しかし、そのクルド人たちの間にも、着実に現代史の波が押し寄せている。今も固有の領土を持たない国境なきクルド人たちは、トルコ、イラク、シリア、アルメニアなどにまたがる山岳地帯に住み、これらの国々の間を往き来して独立を主張し領土を要求して、物議を醸しているからだ。

そのような背景を持つこの地域の洞窟で、八万年ほど前にある重大な事件が起きていたのである。

そこには、化石になった老人の遺体が横たわっていた。ネアンデルタール人だ。老人とはいうものの、推定年齢では五〇歳（三〇〜四五歳）を超えない。今日のレベルで見ると、働き盛りの熟年期というところか。

注意深く調べられたが、その老人は洞窟の落石が原因で不慮の死を遂げたとは考えられない。というのも、洞窟の床面をわずかに掘り下げ、そこに馬の尾の毛を丁寧に敷き詰めて、頭に相当するところに石を置き、それを枕にして眠るがごとく横たわっていたからだ。

さらによく調べてみると、この老人は、生前には右腕がまったく動かず、肘や手首などの関節は重度の関節炎を患っていたし、目も不自由だったらしい。そのような状態だから、ただでさえ過酷な自然条件のなかでは、だれかの手助けがなければ、ひとりではとうてい生きていけなかったはずだ（図2-6）。

### 1.4.5　介護の精神は人間性の発露

そのような重度の障害を持った老人が、この洞窟内で落石や事故などで落命したのではなく、静かに天寿を全うしているのだ。周囲の状況から察して、おそらく手厚い「介護」があったに違いない。そして親しき者たちに看取られながら、静かに息を引き取っていったことはたしかだ。そこには明らかに人間性の発露が見て取れる。というのも、介護は温かい人間関係や社会の豊かさの指標になるものだからだ。そのような隠れた豊かさがあるからこそ、おのずから介護も可能になるのだ。それを裏づけるように、石器その他の先史遺物や衣食住などの物的な面でも、生きていく上では事欠かない程度に豊かで余裕があったことがうかがえる。

ネアンデルタール人については、これまでにも、間接的に人間性を推測させるような遺物や遺跡がないわけではなかった。だが、この洞窟内でのできごとは、まさに「介護」という行為の最古の直接的で具体的な事例だったということができよう。イラク北部のシャニダール洞窟では、床面を少し掘り下げ、馬の尾の毛などを敷き詰め、頭は石の枕に載せ、眠る姿勢で葬ってあった。死者は相当年をとっており(といっても五〇歳そこそこだが)、目も不自由で、かなり重度の関節炎を患っており、生前からずっと腕は萎えていたようだ。とうてい独力では生きていける状態ではなかった。

図 2-6　シャンダール人. D. ランバートより一部改変.

この洞窟内での発見の重要性は、それだけではなかった。その老人の遺体の周りには、今日でも亡き人を送るときのように、いくつかの副葬品の他に、八種類もの遅咲きの春の草花がいっぱいに手向けられていた。というのも、フランスの女流考古学者が、遺体の周りの土をパリの研究室に持ち帰って、洗って顕微鏡で見たところ、八種類の草花の花粉化石が検証され、当時の野の花を摘み取ってきて、遺体を花で埋めていたことが歴然としていたからだ。

「人が人を殺すのも人間なら、人が人を介助するのも人間」という矛盾と不条理を、彼らは抱え込んでいた。

### 1.4.6　人間性にとって「死」の発見は革命的

この状況をもう少し深く読み解いてみよう。この老人は血縁者や一族の人たちによって、悲しみのなかで看取られながら、ふたたび戻ることのない世界へと旅立って行った。彼はいったいどこへ行ったというのだろう。今の今まで自分たちと同じように生きて呼吸していた。だが次の瞬間からものもいわず呼吸もせず、次第に冷たくなって、周りの人たちとは別の世界へと入っていった。彼を引きとめる術すらなかった。不思議としかいいようがないように、たった一つの扉を開けて、別の世界へと旅立っていった。そして時の経過とともに、彼の肉体は醜く朽ちていく。その現実を如実に見て、その世界は「穢れ」と「暗黒」と「怖れ」の世界でもあったことだろう。

彼らには、この事実をどう表現すればよいのかはわからない。だがたしかなことは、今自分たちが生きているこの世界とは、まったく違った別の世界が存在することを、彼らは身近に感じていた。つまり表現はともかく、「これが死なのだ」という死の観念が、すでに芽生えていたと考えざるをえない。つまり扉一つ隔てて、生と死はまったく違った世界の支配や掟に委ねられることになったということだ。

ネアンデルタール人はすでに、精神的にはこのような生と死の稜線に立っていた。埋葬することにより、別世界へと旅立つ身内や仲間に別れを惜しみ、記憶に留め、残された者たちへの怨恨を除去し、守護を祈るようになった。

先史学的には、これより以前の人類の遺跡（原人類）は世界各地に散らばっているが、いまだに埋葬したという痕跡や証拠は一切発見されていない。それに引き替え、ネアンデルタール人（旧人類）以降になると、世界の各地で埋葬例が発見されるようになった。身内や仲間の人間が亡くなると、埋葬するしきたりがあったということは、すでに彼らの間で死の観念が普及しており、黄泉《よみ》の国や死の世界が発見され、宗教的感情もある程度芽生えていたということになるだろう。

あるいはまた、ネアンデルタール人たちが残した物のなかには、アムレット（護符）や呪術的な意味を持った遺物や、生贄にされたとも考えられる獣骨なども見つかっている。このような事実から、彼らは現世とは異なる霊や死の世界が存在すると、感じ始めていたことはまちがいない。

このように死の世界を知り霊の存在を感ずることにより、人間の精神は幅の広さの他に深さも伴うようになり、その分だけ生についての認識も深まったことであろう。そう考えれば、死は人類の精神的な成長にとって、かならずしもネガティヴで否定的なものだけではなかったということになる。

生があれば死がある。だが、それは認識の問題だ。生があっても、死を認識していない時代があったのだ。ネアンデルタール人にいたってはじめて、生以外に死をも認識しはじめたのだ。

### 1.4.7　同じ洞窟内でのもう一つの事件

ところが、同じ洞窟のなかで、痴情の縺れか感情の行き違いか、あるいは猟場の権利や獲物の配分をめぐる利害関係の衝突からか、原因や理由はともかくとして、相手を死にいたらしめた暴力行為や殺人行為があったことも発見されている。そういうことから、この洞窟の調査に当ったコロンビア大学の人類学者ソレッキ（Solecki, R. S., 1971）は、その報告書の最後を、「彼らネアンデルタール人が抱えていた精神的苦痛（私註：つまり不条理）は、まちがいなく私たち現代人が耐えなければならないものと同じだった」と結んでいる。

ドイツの人類学者ワイネルトが逆説的・不条理的に「殺人が人間的な行動」というのもその通りなら、まるで正反対な介護行動もまことに人間的な行動なのだといえよう。ただいえることは、人間への軌跡のなかで、ネアンデルタール人にいたってはじめて、不条理という精神的裂け目が見えてきた。いいかえれば、「不条理」とは人間の本性に組み込まれた切っても切れないものなのだ。

### 1.4.8　「人間」としての巣立ち

ネアンデルタール人たちは、もうすでに死の観念を持ち、喜怒哀楽や怖れの情を知り、私たちと同じ悩みに苦しみ、私たちと共通の人間的な心や精神の世界に生きている。このレベルでは、私たちと違うものは何一つない。そしてまた、解剖学的に見ても、区別する本質的な違いは何もない。つまり、彼らは心身ともに、私たちとまったく同じ「人間」だったのだ。だから今では、ほとんどの研究者たちによって、彼らは生物学上は私たち現代人と同属・同種のホモ・サピエンスであって、亜種レベルでホモ・サピエンス・サピエンス（*H. s. sapiens*）とホモ・サピエンス・ネアンデルターレンシス（*H. s. neandelthalensis*）に区別されているにすぎない。

生物にはすべて過去があり、時間的な深さを持っているものだ。だから私たちと彼らは同一種だが、時間的に大きくかけ離れた異時的種（allochronic species）だと考えればよい。同様にして、同一種だが地域的にかけ離れた、もしくは接していても相互に交雑しない集団もある。これらは異所的種（allopatric species）とよばれる。ネアンデルタール人と現代人は、この関連で見ればまさに異時的・異所的種と考えて差し支えないのだ。

だから、もしネアンデルタール人がどこかで生き延びていて、現代人と結婚したならば、まちがいなく子どもも孫も産まれ、人間的な家庭生活を送ることもできるだろう。それどころか、私たちと同じ人権や市民権の問題まで議論しなければならなくなるはずだ。ジャワ原人や北京原人を人間と呼ぶのには抵抗があるが、ネアンデルタール人を人間と呼んでも、いささかのためらいもない。

さて、このようにネアンデルタール人と本質的にほとんど変わらない現代人が、今や二一世紀の情報社会という新しい歴史的局面にさしかかっているのだ。いろんな未体験の問題が未曾有の加速度で吹き出し、さまざまな矛盾に直面するのも当然だといえるだろう。

# 2 精神の進化

## 2.1 死の観念の発達

### 2.1.1 猿人から原人へ

あらためて、猿人以降の精神的進化を眺めてみよう。約四五〇〇万年前に、霊長類とくに大型類人猿のチンパンジーと別れて、人類への道を歩みはじめた猿人類の脳の大きさ（五〇〇〜六〇〇立方センチメートル）は現代人のほぼ三分の一弱で、チンパンジー（約四五〇立方センチメートル）などよりも少し大きい程度にすぎない。だが、チンパンジーと違って、まず直立二足歩行性をほぼ九〇パーセントほど完成させていた。

猿人段階で、道具も石器製作・使用が発達し、言語の存在も推測でき、社会生活も、どうやら家族を誕生させており、社会的分業の兆しもうかがえる（江原　一九九九）。

### 2.1.2　原人たちの精神レベル

約一〇〇万年前から、猿人類に続く原人類になると、脳の大きさは飛躍的に大きくなり、九〇〇〜一二〇〇立方センチメートル。それを裏づけるように、彼らの行動や生活もいちじるしく向上している。火を使用し、寒冷地にも生息地域を拡げ、テラ・アマタ遺跡（図2-7）に見られるように、平地に住居を建て、マンモスのような大型で危険な獲物でも巧みに狩猟する知恵と技術を持ち、それに伴う各種の石器類を発達させていた。たとえばマンモスのような巨大で獰猛な獲物を、気づかれぬよう風下から接近し、火を利用して沼地などに追い込み、全員協力のもとに、獲物の自由を奪っておいて一網打尽に狩り獲った（スペインのアンブロナ遺跡）。メンバーどうしは、合図や音声などで、力をあわせることもできた。

また、有蹄類の集団を崖っぷちまで追いつめて追い落とし、全獲物を一度に仕留めることもあった。原人は多くの先史学者がいうように、名ハンターだったのだ。原人の時代になって、急速に絶滅していった動物たちの多いことを見ても、それを裏づけているようだ。

だが、原人類すべてについていえることだが、これほどの狩猟の名人だった彼らも、その文化遺物を見るかぎり、精神的発達はまだ貧弱で、呪術的観念や祭礼つまり原始芸術的手工品のような、自然宗教の存在を暗示するようなものは、ほとんど見当たらない。一方で火を使用することで、今まで食糧としては不向きだった植物や動物も食事のメニューに加えることができ、栄養源は大きく拡大した。そればかりではない、火を加えることで、寄生虫やバクテリアの被害もいちじるしく減少し、体質が飛躍的に向上した。このようなことから、猿人と原人の間ではだれが見てもわかるくらい、体格の飛躍的な変化があったことが読み取れる。

図 2-7　テラ・アマタ住居跡復元．フランスの考古学者 H. ド・ルムレーは，1966 年にフランスの地中海沿岸ニース港の近くで，原人の居住跡を発見した（テラ・アマタ遺跡）。洞窟でなく，平地に小屋を建てて住んだ最古の例である。壁には杭と細枝が利用され，砂地に突き立てて石で固定。炉は掘り下げられ，水はけも施されていた。炉の傍で調理した跡もあり，まな板代わりの平らな石があった。住居からやや離れた箇所に糞石が集中しており，トイレだった可能性がある。ゴミ捨て場からはシカ，マンモス，イノシシ，ヤギ，ケサイ，クマ，野ウサギ，その他魚介類の食べかすが豊富に出土している。

以上をまとめると、彼らは石器や罠を使い、火を利用し、大型動物の狩りを巧みに行い、技術的には大変進んでいたが、まだ「死」の世界を知らず、そういう意味では精神的にはゴリラやチンパンジーのレベルを大きく出ることはなかった。

### 2.1.3　旧人たちの精神レベル

約二〇万年前に原人に続いて登場した旧人類になると、脳はさらに大きくなり（現代人並みに一四〇〇立方センチメートル前後）、石器類はさまざまな用途に向けて細分化を遂げはじめ、細工は精巧になった。そして石器や道具は機能的に役に立てばよいというだけでなく、美的に満足できるものが求められた。たとえば、石器の形状を見ても、実用の域を超えて惚れぼれするものも増えた。骨格器に施された装飾を見ても、単純だが抽象化された幾何学的文様などが盛んに用いられ、彼らの抽象能力のレベルや美的感覚の発達がよく読み取れる。

先述したように、死者を埋葬する習慣が見られるようになり、死の世界を発見し、喜怒哀楽や死への怖れなど、精神の世界の認識が広がり、深さも増していった。おそらくアニミズム的・アニマティズム的信心も芽生えていたことだろう。いうなれば、彼らはすでに人間と呼ぶにふさわしい身体と精神を持ちはじめていた。旧人たちは、学名の上でもホモ・サピエンス・ネアンデルターレンシスに位置づけられ、私たち現代人とは亜種レベルの違いにすぎない。いいかえれば、彼らはすでに「人間」と呼んでもよいレベルにまで進化していたということになる。

約三万年前には、現代人と本質的に変わらない新人類（ホモ・サピエンス・サピエンス。俗称クロマニョン人）が出現。精神的には部族信仰のような原始宗教が主流だったが、ほぼ一万年以降になると次第に世界宗教へと脱皮していった。

### 2.1.4　初期の新人たちの精神レベル

このようにして人類は、進化の過程で人間化（ヒューマニゼーション）に向かって次第に加速度を増しながら助走してきた。そしてついに、旧人類になって人間へと離陸したのだ。それ以降、旧人類たちは新人類に向かって喜怒哀楽の情や世界観（自分が住んでいる世界や現実についての認識像）、霊の存在や死の観念などを、飛躍的に発達させてきた。

旧人たちと新人たちは異時的・異所的種だから、たがいに混血・吸収したりされたり、滅ぼしたり滅ぼされたりしながら、新人たちへと進化し移行していったらしい。そして新人類になると、とくに多くの洞窟壁画や彫像やアムレットなどを残した。そのなかには、今日の商業画家など足下にも及ばないほど躍動感に溢れた見事な作品もある。壁画のなかにはシャーマニズムの存在がうかがえるものもある。彼らのあいだには、アニマティズムやアニミズムの世界観が広がっていた。それらは迷信的といって簡単に片づけられるものでない。彼らにとっては、それが日常の生活をコントロールするリアリティ（現実）でもあったからだ。

現在でも、自然民族にはふつうに見られ、私たち現代人の精神の深層にも、そのような情念や観念が根強く残っているものだ。現に、奥深い森のなかに分け入ったときの理由のない不安と怖れを覚え、あるいは峻厳な山の姿や何千何百年も年月を経た巨木を目の当たりにしたときには、そこに霊や神が宿っているのではないかと、きっと身に震えを覚えることだろう。

だから彼らの世界観を今日の合理主義で解釈し、迷信だといって片づけるのはまちがいで、彼らにとっては、それこそがリアリティそのものだったことを見落としてはならない。今日の合理主義や科学的世界観自体、歴史上数世紀前になって浮上した数多くある世界観のうちの一つにすぎないのだ。だからそれらを絶対視する根拠は、あまり強力ではない。

### 2.1.5 「死の観念」から見た脳死と心臓死

「死」という現象は、どの部族や民族でも同じ意味を持ち、同じように受け容れられていたかというと、そうではない。生き物にとっては死は文字通りゼロで、それ以上でもなければ、それ以下でもない。人類の場合は文化や精神の発達とともに、死のとらえ方や解釈や理解もそれぞれの文化や精神と連動して変化してきた。

つまり死は単に身体的なゼロに収斂するということだけではなく、さまざまな観念や世界観の発達と密接に連動しながら歴史的な変化を遂げてきた。アニマティズムやアニミズム、ヒンズー教や仏教やキリスト教やイスラム教その他さまざまな世界観に培われながら、死の観念や定義もそれにつれて大きく変化してきたといえよう。

このように見てくると、「心臓死か、脳死か」をめぐる死の論争は、ごく最近になって臓器移植などの技術の発達と相まって急浮上してきた、現代医学と合理的思考の合作的な産物なのだ。

脳死という死が、生命レベルで生物学的に肯定できるとしても、単に生命レベル・生物レベルでの思考だけでは、人間の死は完結しないことを理解すべきだ。

## 2.2 動物は死を避けているのか？

これまでの話の流れから、人間にとって死とは観念の産物だということは明らかになったことと思う。観念が死の世界を生み出したのだ。であるならば、人間の死は生物現象よりも文化現象に、より大きな比重があるということになる。

観念が発達していない生き物でも、本能的に生命を維持しようとする。生き続けようとする。だから文字通り生き物なのだ。生き物は、その生命の維持を阻害するものを、危険と感じて避けようとする。だがべつに死を怖れ、死を避けようとしているわけではない。彼らには死の観念がないからだ。

もう五〇年以上も昔のことになるが、戦後の出版事情の悪い時期に、やっと手に入れた三木清の著作『哲学ノート』の一節を思い出す。旧制六高の運動場の片隅で、初夏の緑蔭に腰を下ろし、この本をむさぼり読んでいた頃を思い出す。

彼はそのなかで、「人間は死が恐ろしいのでなく、死の条件が恐ろしいのだ」という意味のことを述べていたと記憶する。

たしかに、義のためとか愛のためとかの条件や状況次第で、人間は容易に死をも厭わなくなる。生の青春時代の真っ只中にいた私は、つい数年前には国のためにその青春の命を散らせていった多くの出陣学徒たちを思った。

目の前には、たまたま瀕死の重傷を負った虫が、なお餌を探して生き抜こうとしている。その姿は「今を生きる」ということだけで、死を予感しているようには見えない。座っている草の上を、忙しげに動き回る虫たちを不思議な気持ちで、目で追っていた頃のことを、昨日のように思い出す。私と虫たちの間に、生と死をめぐってどのような違いがあるのだろうか、と。

動物たちには、生や死の観念がないことは経験的にたしかだ。ただ、現在生きているその生を維持し、それを阻害する危険は本能的に忌避する。つまり、「生きる」「生き延びる」ということ、ただそのひとことだけなのだ。たしかに動物たちだって死を恐れ、その死を避けようとしているように見える。でも死を避けているわけではない。死を避けているように見えるのは、人間の方でその生の障害つまり危険が、そのまま死につながると推測しているだけのことだ。観測している人間が、「その状況は、まちがいなく死に繋がる」と予測的に見ているわけだ。もしそうでなければ、動物たちは

・「死」の観念を持っている

・直面している危険と死の間の「因果関係を認知」する

・「予測的」に危険を避ける

という、認識論上重大な能力を、いくつも持ちあわせていることになる。

こう考えてくると、人間にとって生と死は、死の観念を持たない動物たちと違って、観念的な正と反という、まさに弁証法的関係になったといえよう。そのきっかけがネアンデルタール人だったのだ。

ここで、あらためて死の観念は人類史上いつ頃誕生し、どのようにして発見されたか、そのいきさつについてまとめておこう。

## 2.3　死の観念も進化してきた

すでに述べたように、一九世紀以前は、遠い過去は空想の世界であり、あるところから先の過去は時間の停止した暗黒にすぎないという認識だった。二〇世紀になって、進化の思想もようやく市民権を獲得し、過去にも歴史的構造があると認識されるようになった。

現時点では、今から約四五〇万年前に、人類はアフリカで誕生し、猿人類・原人類・旧人類・新人類と段階

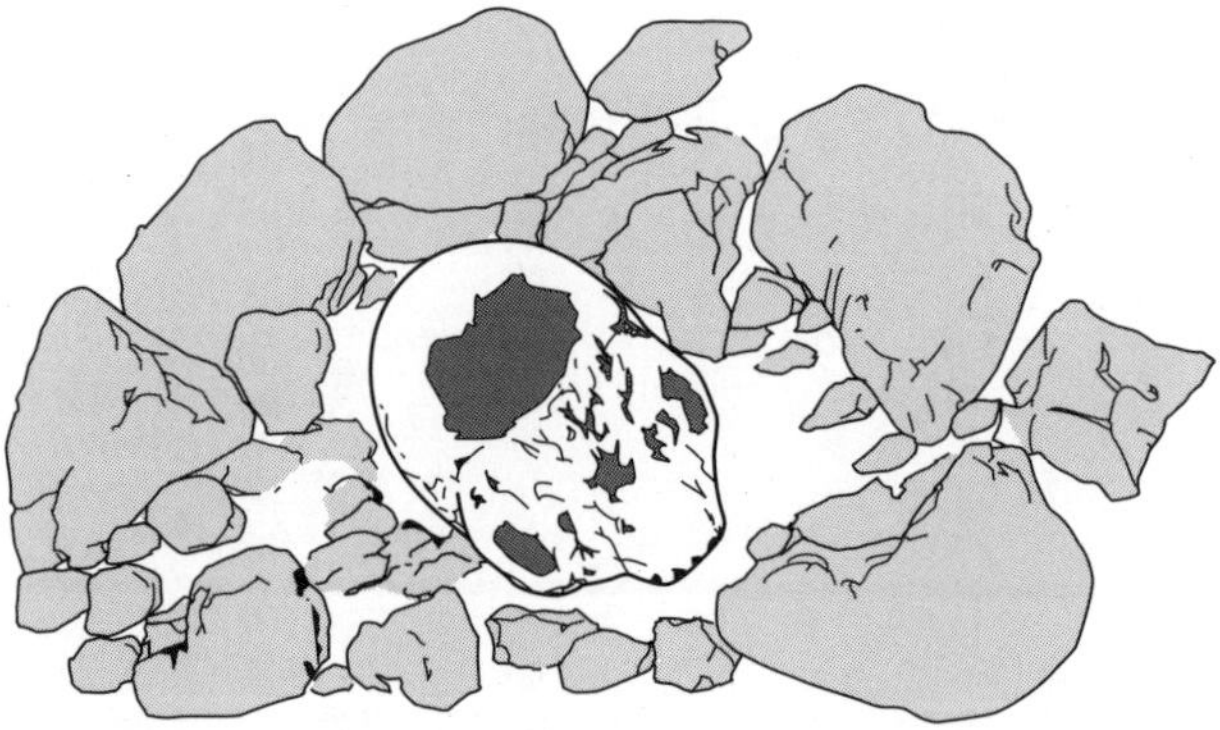

図 2-8　イタリアのモンテ・キルケオ洞窟出土の頭骨．頭蓋底が割られて脳をすくい出した後，石で囲って丁重に安置されている．

的に進化してきたことが知られている。その人類の全歴史の最後の二・五パーセントのところで、旧人類ネアンデルタール人が登場した。だからネアンデルタール人は、人類という大樹の一枝に咲き出たちっぽけな新芽のようなものだといえよう。この旧人類は、心身ともに、私たち新人類とはほとんど同じだと見なしてもよいくらいだ。いや、むしろ同じだと考えた方が適当だろう。

この旧人類になってはじめて、死者を埋葬する儀式が発達した。死者を赤い酸化鉄やマンガン鉱で装飾する例も多く知られているが、赤色は血や生命を象徴するものであり、死者の復活を望んでいたのかもしれない。いずれにせよ、先史学的に原人類段階ではまだ埋葬やそれに伴う儀式の痕跡は、まったく発見されていないのだ。

だがネアンデルタール人の間では、死者を丁重に埋葬したし、死の世界も知っていた。しかし、その事実といささか矛盾するようだが、彼らのあいだでは、かなり広範にカンニバリズムが見られる。このカンニバリズムは猿人類や原人類でもすでに存在した風習だと推測される。しかし、ネアンデルタール人の場合は、まず食するために殺人したのでもなければ、胃の腑を満たす目的でもなく、故人の身体の一部（多くは心臓や脳）を食すことによって、故人の人徳や力を受け継ぐという儀式的なものだった可能性もある。ひょっとすると、病人が不治の病から病魔を退散させるという民間治療に則って、先祖や故人の身体の一部を服用したのかもしれない。

たとえば、イタリアのモンテ・キルケオ洞窟出土の頭骨では、頭骨底を割って脳をすくい出した痕跡があるが、後でその頭骨を石で囲って、丁重に安置しているのだ（図2-8）。そこにはある種の儀式すらあったことが想定される。もっと可能性がある解釈として、死霊を怖れ、迷い出さないように石で囲ったのかも知れない。これに類すると思われる風習は、現生部族のあいだでもかなり頻繁に見られる。

## 2.4　死体のない死？

いうまでもなく、生と死は生物になってはじめて出現した現象で、それもはじめから生や死を観念として認識していたわけではなく、それには段階的な進化が認められる。とりあえず、死について考えてみよう。

細胞分裂をくり返す有核細胞では、死をどう考えればよいのだろう。分裂により、元の細胞（母細胞）はすっかり姿を消すから、その母細胞は死んでしまったといえるのだろうか。しかし二つになった娘細胞は、母細胞と生命の糸でつながり、それぞれが個体として生きているではないか。そもそも死体のない死とは、ずい分ミステリアスな話ではないか。

その有核細胞にも自分を認識する能力がある。つまり種類の違う他個体を識別して避け、自分と同類の細胞だけが集まる傾向を示す。レベルはともかくとして、このように有核細胞にも、すでにある程度の自と他の識

表 2-1　死の段階的進化

| | | |
|---|---|---|
| 自と他の識別 | ← | 有核細胞で，すでに見られる． |
| | | ↓ |
| 部分的な個体 | ← | 死は曖昧．アリやハチなど． |
| | | ↓ |
| 自立的な個体 | ← | 免疫現象に見られるように，死が明確．脊椎動物から． |
| | | ↓ |
| 観念としての死 | ← | 死の世界の発見．旧人ネアンデルタール人類から． |
| | | ↓ |
| 脳死という死 | ← | 近代医学から． |

別能力つまり自己という個体性があることになるだろう。その個体性の消失が死だと定義するなら、死体はないが分裂前の母細胞は死んでしまったことになる。

多くの細胞が集まって群体を形成する生物としては、海綿動物や腔腸動物の珊瑚の仲間、刺胞動物や内肛動物、コケムシやホヤの類などが知られている。たとえば海綿動物では、それぞれの細胞が、刺激に反応したり栄養摂取をしたりする機能的部分などに分化して群体を形成し、その群体はまるで独立した一個体のようだ。

もっと不思議なのは、そのような個体性を持った群体を擦り潰した後、絹のフィルターで濾過して集めた細胞は、凝集してふたたび元の母個体と同じような群体を形成する。しかし細部をよく観察すると、各細胞は新しい配置を示し、その位置によっては元の細胞とは役割や持ち分がすっかり変化していて、元の群体と同じではない。そういう意味では自己同一性は保たれているが、中身は異なる。このような場合、元の群体は解消してしまったわけだが、では母個体は死んで消滅してしまったといえるのだろうか。

個体性にも、さまざまなレベルの違いがある。ハチやアリのような社会性昆虫の世界では、たとえばミツバチを見ると、もっぱら生殖を司る女王を中心に、働き蜂として蜜の採集や育児や巣の維持や防御などに当たり、一糸乱れぬ一つの大家族集団を形成している。

だがよく考えてみると、先ほどの群体の場合と同じようなもので、個々のハチは種を構成する自立した個体ではなくて、各機能を分担した部分的個体が集まって、はじめて高等な脊椎動物や哺乳類の自立的な一個体分に相当していることがわかる。

高等動物では、DNAや遺伝子、その集合体を含む細胞、そのような細胞の集合体からなる組織、各種の組織からなる器官、そして各器官の集合である全体的な個体というように、階層的に構造化されている。そのレベルに応じて、自己認識、自己同一性、個体性が明確になる。そして、たとえ個体は死んだとしても、下位レベルのものほど、状況を設定すればいつまでも、死ぬことなしに生き長らえることができる。精子バンクや組織培養などはそのよい例だ。ということは、死は自立的な個体性が明確になった高等な後生動物においてはじめて、表面化してきた現象だということができよう。だが、すでに述べたように、自立的な個体性がはっきりした後生動物でも、死という現象は存在するが、死という観念を持っていたわけではない。死の観念は旧人ネアンデルタール人（広義のホモ・サピエンス）になってはじめて発達した高度な文化的観念なのだ。人間だけが死の観念を発達させたといってもよい。

## 2.5　個体性の発達が死を明確にした

個体が自己と他者を認識し区別する現象として、だれもがよく知っている免疫がある。抗原に対して抗体を作って対処するのは、脊椎動物になってからはじめて見られる現象で、無脊椎動物では見られない。そういう意味では真の自立的な個体性の確立は、脊椎動物になってからだということができよう。

このように免疫という現象は、生体が感染に対する抵抗として、よそ者や侵略者を排除すべく、抗体を作り出して生化学的に対処する。生体にとって大変都合がよい反応だが、その反応にはやみくもなところもあるので、場合によっては困ることもある。そのよく知られている例としては、花粉症や自己免疫、アレルギー、輸血や移植手術などでの拒否反応など、いずれも融通をきかせることなく、頑なに他者を排除することから生ずる。これらはすべて、個体性の主張が原因になっているといえよう。

木の葉が散り落ち、枯れ、朽ちる。一枚一枚の葉は死んだとしても、木にとっては別に死を意味しない。先に述べた女王蟻や働き蜂のように、自立的な個体ではなくて、集団内の部分的個体にすぎない連中では、一匹のアリやハチの死は、あたかも散り落ちた木の葉と同じように、あるいはまた抜け落ちた一本の歯と同じ程度の意味しかない。とすれば、それらを私たちと同じ個体性のレベルで死と呼ぶのは、本当のところ適当ではない。つまり、死というかぎりは、「個体性が確立している」ことが必要であるからだ。だから本当に死と呼びうるのは、脊椎動物レベルになってからのことなのだ。しかもその死をはっきり意識しているのは、すでに述べたように、死の観念を得た旧人以後だということになる。

高等動物とくに脊椎動物以上では、個体性と同時に自己同一性と自律性の飛躍的な高まりが見られるようになる。そして新陳代謝に伴う細胞の老化や喪失を、絶えず新しい細胞で補充修復している。だから中身は同じではないが、自己同一性が保たれている。私たち人間でも、休むことなく新陳代謝が行われており、死んだ細胞や喪失した部分は絶えず補充されていて、厳密にいうと、昨日の私と今日の私は完全には同じではない。しかし自己同一性が保たれているので、昨日の自己も今日の自己も、「同じ私だ」と認識することができる。

そして個体性が高度に発達し、自と他の認識が観念にまで高まるにつれ、自我とか自己が明確になる。

# 3 自己とは何か

## 3.1 自己の形成

死を明確にするためにも、個体性や自己なるものをはっきりさせて、その関係を明らかにしておかねばなるまい。自己の意識がなければ、自己の死を意識するはずもないからだ。では「自己とは何か」、その自己はどのようにして形成されてきたのだろうか。わかりきったようでいて、正面切って聞かれると即答しにくい。

人間の新生児は自分の周りの物象を意識してはいても、自分とそれらの物象との関係を識別しているとは思えない。胎児時代のヘソの緒と胎盤の関係の延長が、自分の口と母親の乳首の関係に変わっただけ。世界にあるのは、ただそれだけ。自我の発達とともに、自と他、自分と母親との区別を次第に、しかも急速に識別するようになる。内なる自と外なる他を、二元的に区別するようになるというわけだ。もっとも、食というシステムに限っていえば、口と乳首や自分と母親とは、一体的で一元的であることには変わりがない。

あたかも万華鏡の像にも似た雑然として無意味な情報群のなかから、形づけ（バーフィールド）による意味づけされた世界が、次第に具体的な姿で立ち上がり、自と他という二元的な世界観が形成されていく。このようにして自立した自我、つまり成長とともに中身が変化しても自分であることに変わりがない自己同一性、自分中心に新陳代謝を統御し、個体性の確立に向けて成長し、自律性をもった自己が形成されていく。この自己意識はすべての思考、感情、知覚、行動を一つにまとめ上げ、それによってはじめて内的統一性が明確になる。こうして世界は「私と私以外のもの」、つまり「自と他」に二分されるようになるのだ。

## 3.2　人間の環境は人間そのものという視点

この関係は、今深刻さを増している環境問題を再考する上で、大切なきっかけを提供してくれる。

環境というと、自分を取り巻く周りをさすと考えるのがふつうのようだが、もう一段階上から見ると、そのような環境があって自分があるのだし、自分がなければ自分の環境というものもないという見方が成り立つ。

そうだとすると、人間の環境といっているものは人間と一体であり、人間そのものだということになる。これについては、きわめて大切な問題を含んでいるので、後ほど環境論のところで改めて取り上げて考えることにしよう。

## 3.3　自己の進化

面白い実験がある。サルたちがどこまで自と他を区別し、自分を知っているかをたしかめる実験だ。ニホンザル程度では、鏡に映る自分を見て、それを自分でなく敵と勘違いして牙をむきだし、攻撃しようとする。つまり鏡像は自分の姿だということに気づいていない。

それがチンパンジーになると様子が違う。しばらく鏡を弄んでいると、そこに映る像は自分であることを認知する。その鏡像で自分の顔を見せておいて麻酔をかけ、眠っている間に顔に墨で印をつける。眠りから覚めたときに、鏡に映る顔を見て、墨がついている自分の顔に気づき、手で拭おうとする。つまり、本来の自分の顔には、このようなシミがないことを知っているからだ。
やがて鏡の性格を知ったチンパンジーは、そこに写る自分の顔を見ながら口のなかを覗いたり、さまざまな表情をして楽しむことまで覚える。

## 3.4 観念化された自己

その「私」つまり自己を考える際にも、今、チンパンジーが見せたような身体的な認知から始まって社会的認知まで、つまり身長、体重、年齢、性別、国籍、皮膚の色、性格、個性、思考、イデオロギー、服装、自家用車、社会的地位、職業、友人、所属サークルや組織などにより、アイデンティティがいよいよ高度化し、明確になっていく。

しかし「自分は何者か」という意識は、ほとんどが知覚や経験や外界との相互作用、つまり自分が外界や他人とどう違うか、どうかかわっているかということで現実的に決定される。身長、体重などから「私」という意識が決められているというよりも、他者のだれかよりも背が高いとか重いというように、自分ではない他があってはじめて、自己意識が強化されるというわけだ。いいかえると、自己というアイデンティティは、自己を取り巻く外界から決定される。そのようにして確定されたアイデンティティこそが、「私」を証明する唯一の基準だとすると、その外部はかけがえのないものになる。それなくしては「私」は存在しなくなる。呼吸をし、睡眠と覚醒をくり返し、食事や排便をし、といった生物学的・生理的個性をいくら数え上げても、それだけでは自己のアイデンティティを確立することは困難なのだ。

このように見てくると、人間の死についても、生物学的レベルの問題だけでなく、文化的・歴史的な自己のアイデンティティの消滅であって、ネズミの死とは異なることが理解できるだろう。人間では、息を引き取ったというだけで、自己を決定している他との文化的関係までが、一挙に消滅するわけではないということがわかる。

## 4 わかりにくい殺しの人間的動機

「種」維持の自己保存しかない動物たちとは違って、人間の殺しには、狂気や麻薬・シンナーなどの薬物や、酒乱による異常行動などは別としても、実にさまざまな動機やきっかけがある。その実体は複雑を通り越して、矛盾だらけ。フランスの思想家・物理学者パスカル（1623-1662）が、つくづくと「矛盾をいっぱい抱えながら、それに気づかずに生きているのが人間だ」と述懐しているが、まさにその通りだ。

痴情や嫉妬や欲望、金銭の柵《しがらみ》、度がすぎた信念や自己主張やひとりよがりな正義感等々。この辺のところまでは動機を聞けばある程度「なるほど」と合点もできるが、まるで理解しかねる子どもじみた動機や無条理な動機も呆れるほど多い。

些細な原因で爆発する直情的・発作的な怒り、利己的・独善的な衝動、自暴自棄、それらが複雑に入り混じった動機、そして先ほど述べたカミュ的な不条理な動機や、太古の人類時代に受けた心の古傷の疼き（トラウマ）が原因としか思えないような自己矛盾等々。

そのようなことから、たとえばわずか五〜六〇〇〇円の金欲しさに、相手の命まで奪うような事件、親子や兄弟間の殺傷事件などが、まるで連鎖反応のように続発して、新聞・雑誌の紙面を埋め、テレビ・ラジオを賑わせている。それらの通常は起こりえないはずの事件が、今日ではもはや偶発事故でなく、社会の病理の一部になってしまった。人間の命がかくも軽く見られるようになったのか、それとも人間性の自壊の予兆だろうか。異教徒間の衝突や異端者征服、国家や集団の圧力やそれに対する抗争、残酷で猟奇的な趣味、冷ややかな好奇心、攻撃対象が明白であったりなかったり……。これらの諸要因がさまざまに結びついて、結果的に暴発する事件もよくある。その多くの場合、事件後に逮捕されてしまってから、「別に殺すつもりではなかった」という言い訳がなされるが、当てにならない。

殺人をすべて否定するのでなく、状況によって、その理由を正当と認めたり否定したり、ということもある。その最たる例が戦争だ。両者の言い分を聞いてみると、大抵の場合、その戦争は正義と正義の衝突。両者ともに複合的な原因群のなかから、それぞれが正義の面だけを抜き出して表にかざすものだから、まさに正義と正義の衝突になる。こうして、戦争に伴う殺しも、互いに果てしなく正当化されていく。

現代の戦争では、両陣営とも往々にして興奮状態からヒステリー状態になり、そのなかに個人の意志や分別などは呑み込まれてしまって、ひとたまりもない。だから、どちらの陣営にいても、反陣営の振る舞いは絶対に許されない。

いささか逆説めくが、このような状態で行われる殺戮行為に比べると、個人的な恨みや憎悪、痴情や物欲しさからの殺人など、高の知れたものだ。

このような柵から抜け出る手だてはないものだろうか。

# III

## 自然界での人間

# 三角形

江原　律

人間が考え出した
最初の平面図は三角形
円い天と
四角の地に挟まれて
ひたすら空の高さを
測っている

# 1　人間は自然界でどのような位置に？

## 1.1　進化の思想はすでにギリシャ時代にあった

人類がはじめて地球上に出現したときから、すでに人間の姿をしていたと信じている人は、よもやいないだろう。ということは、気の遠くなるような年月を経て、進化の結果、今日見るような人間になってきたということになる。

だが、宇宙や人類などの起源を考えたり、どのような道すじを辿って発達し成長して人間になったか、といった進化的な見方や思想などは、ようやく一九世紀になってはじめて出現したと考えている人が多いようだ。

しかし、それはあまり適切ではない。たとえば紀元前のギリシャ時代に、すでにアナクシマンドロス（Anaximandros, 610–546 BC）には、かなりしっかりした進化的見方が芽生えていた。それによると、地上の生物は水中に起源を持ち、ヒトもサカナの仲間だった。それが陸地でも生活せざるをえない事情があって、陸に這い上がったのだという。

アナクシマンドロスが住んでいた地域は、小島の多いエーゲ海に面しており、磯の岩礁ではさまざまなサカナたちが群れ、潮の満ち引きのたびごとに、溜まり水に取り残されたサカナたちの行動や生活がくわしく観察できたことだろう。そしてそのような実際的な観察があったればこそ、彼の考えは生物進化の大すじでは、今日でもそのまま通ずるほどのものだった。

## 1.2　平和で安定な状態から進化は生じにくい

でも、なぜサカナたちは棲み慣れた平和な水中生活を捨てて、未知の危険に満ちた陸上に棲むようになったのだろうか。

これは本題とあまり関係がないかもしれないが、進化という現象を考える上で大変重要で、今日の行き詰まりに似た現代の生活を考える上でも、重要な示唆を与えるので、ここでちょっと触れておこう。

居心地のよい生活が安定しておれば、動物でも人間でも別に変革や飛躍の必要はないはずだ。安定が安定でなくなったからこそ、背に腹をかえられない変革が要求されたのではないか。生物の側からの少しばかりの突然変異ぐらいでは、安定から飛躍や変革は生まれないものなのだ。

アナクシマンドロスは、その進化の原因までは考えていなかったかもしれない。しかし、こんな考え方もできるだろう。水中生活していたサカナたちにとって、棲んでいる水溜まりの水が次第に少なくなり、その分だけ過密化が進んだ。そこで苦しい思いをして、もっと酸素に富んだ新鮮な水や餌が豊富な近くの水溜まりを求めて、陸地を這いながら移動せざるをえなかった。結果的には、皮肉にもあくまで水を求める保守的な努力が、水との縁を切る革命的な変化を生ずることになった。

生物が進化すべき変革期には、彼らはいつもなんらかの危機にさらされていたものだ。そう考えると、混迷を深める現代も、そういう意味で変革し損なって絶滅への道を進むか、もう一段高いレベルへと飛躍する年になるという予兆ではないのだろうか。この事実は、現在人類が直面している難題を解決すべき重大なヒントを与えてくれるはずだ。

話を元に戻すが、アナクシマンドロスが唱えるようなギリシャ時代の古典的な進化論は、たまたま体裁が似ただけであって、今日の進化論とはまったく異質のパラダイムに属しており、したがって系統的・歴史的につながるものではないと考える人も多い。

けれども、このような見方はかなり皮相的だ。もし両者が時間的に距離がありすぎるというのならば、近代科学や現代科学が信奉する普遍的真理という基本的な考え方は、ギリシャ時代のプラトンの思想と密接に繋がっているのをどう考えるべきか。さらにもう少し掘り下げて考えると、人間の深層を流れる一本のごく太い知的な考え方の流れが、途中でキリスト教的・スコラ哲学的に一時的に中断されたという見方も成立するのではないか。というのも、すでに述べたギリシャ神話のスフィンクスやケンタウロスやミノタウロスの存在を証明しようとしたエンペドクレス（Empedokles, ca. 495–435 BC）も、地の果てに異型人が存在することを信じた一八世紀の啓蒙思想家リンネ（Carl von Linne, 1707–1778）も、「サル的あたまとヒト的あし」の原人類をギリシャ神話の再来かと信じた二〇世紀初頭の進化論者も、その考え方において精神の深層では繋がっていたことがわかるからだ。

それゆえ、ダーウィンの進化論の前に立ち塞がったさまざまな先入観は、ギリシャ時代も近代も似たようなものだったことを考えれば、両者の発想の心理的つながりは、時代を超えて切れることなく継続していたと考えても、別に不自然ではない（江原　一九九九）。

## 1.3　進化という発想

それゆえアナクシマンドロスにとって、出入りの複雑な海岸線や潮の干満の変化がいちじるしい岩場に慣れ親しんでいたことから、サカナたちの千差万別の形態や行動の変化は、進化のアイデアを思いつかせたとしても、決して唐突ではなかった。

一方で、ギリシャの哲学者アリストテレスは、自然がつねに生成過程にあることを見抜いていた。星雲が凝縮して太陽を中心に地球という惑星が生じ、そこに生命が誕生し、やがて人類が出現してきたことも、すべて「生成する」という共通の性質で貫かれている。だから「自然」を表す英語のネイチャー（nature）とかドイツ語のナトゥール（Natur）なども、その語源は「生ずる」ということを意味している。

自然界で見られる、ありとあらゆるものが、より大きな生々流転の流れのなかの部分として、たがいに同調し合い関連し合って、森羅万象を形作っている。そして全体として、共通の時間の流れのなかで、一定方向に、切れ目なく、逆行することもなく、みずからが変化し、古いものを消滅させ、新しいものを生み出していく。その姿は、あたかも堅い蕾が、温かい春の日差しを受けて、膨らみ、ほぐれ、開花していく内なる生命の発展の状態にも似ている。進化という言葉の元になった evolution（英）や Entwicklung（独）は、もともと「解きほぐす」とか「繰り広げる」という意味で、まさにこのような状況をさして生まれてきたのだ。

このようにして、はじめはただ素粒子や原子や放射線が無秩序に飛び交う状態から、やがて物質ができ、それを素材として生命が生まれ、ついに文化を創り出し精神活動が可能な人類が出現したというわけだ。

## 1.4 自然の進化

私たちを取り巻くこのような自然界を眺めてみると、大きく三つの質的に異なる世界もしくは次元に区別することができる。この事実はすでに、英国のスペンサー（Spencer, H. 1820–1903）が『総合哲学大系』のなかでまとめており、その内容は今も多くの思想家や研究者たちによって引用されてきている。

この三つの次元の出現順は、そのまま自然界の進化をも意味していることがわかる。それらを簡単に眺めてみよう。スペンサーは、自然界全体を進化的・進歩的観点から、質的に異なる三段階に区分したのだ。それによると、自然界は大きく無機的次元（inorganic dimension）、有機的次元（organic dimension）、超有機的次元（super-organic dimension）の三次元に分類されるという。その各々の次元では、自明のことながら支配する法則が異なる。無機的次元では、主として化学や物理学の法則が支配している。やがて生命が誕生すると、化学や物理学を超えた生命の世界で、生物学が支配的になる。そのような生物のなかで、文化を創造し、精神活動する人類の世界が展開する。この次元では、生物学だけでは間に合わず、人文学的法則が必要になる、という。

その後、文化人類学者のクローバー（Kroeber, A. L. 1948）は自然界の構成を、物質の世界・生命の世界・文化・精神の世界などという表現を使用しているが、意味や発想は同じだ。P・ラッセル（Rassel, P., 1985）は、この図式に加えて、物質の世界の前に物質誕生の前段階として電気・磁気的エネルギーの世界を挿入しているが、原子物理学の発達が多くの情報をもたらした結果であろう。

人間を例に考えてみよう。人間の身体は、すべて既知の物質から構成されており、このレベルでは人間も物理的・化学的世界に属し、その法則に従って存在している。だから窓から飛び出せば、ニュートンの万有引力の法則に従って、石ころも人間も等しく落下する。血液循環や体温の維持、栄養の摂取なども、細部では物質の物理的・化学的法則に従って処理されていることがわかる。

だが動・植物や人間には生命がある。それゆえ、人間は多くの生物たちと同様に、物理的・化学的法則だけでは完結せず、同時的に生物学的法則が支配する生物世界にも属している。

さらにその生物たちのなかで、人類だけは精神的・文化的生活を行うべく、そのような世界をみずからの手で構築しながら、そのなかで生きている。その生活は、もはや他の動物たちやサルたちとは質的に大きく違っている。

このような文化的、いいかえると人工的な環境にすむ生き物としては、人間の他にさまざまな家畜がいるだけだ。その心身に及ぼす影響は、思いがけないほど大きく、「家畜化」と呼ばれているほどだ。

ウィーンのアイクシュテット（Eickstеat, E. F. 1940）という人類学者は、ある種のサルから進化して人間になった経緯を「人間が文化を創り出したというよりも、文化が人間を創り出した」といったが、まことに適切な表現だ。進化史的に見たとき、かつて猿人類が石器を創り出し、みずからの手で自然を切り開いて、その文化的環境のなかで棲むようになった。だが、もしその文化がなければ、猿人たちはホモ・サピエンスまで進化することなく、今も猿人の姿かたちのまま留まっているだろうという意味だ（江原　二〇〇一）。

## 1.5　自然の進化と人間の位置

話を本筋に戻して、それらの自然界の進化の様相を、少し下がった位置から遠目に眺めてみると、これら三

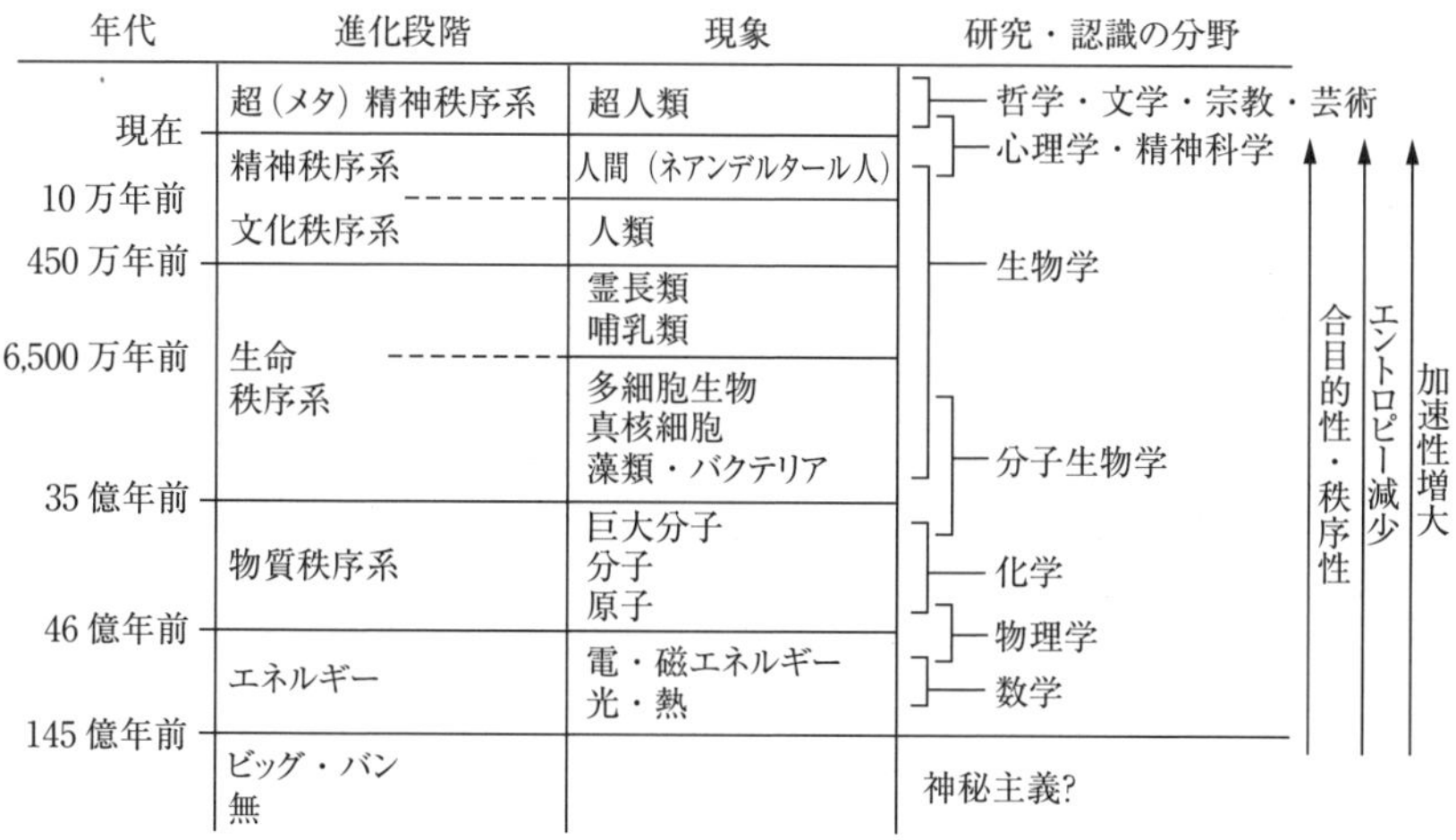

| 年代 | 進化段階 | 現象 | 研究・認識の分野 | | | |
|---|---|---|---|---|---|---|
| 現在 | 超(メタ)精神秩序系 | 超人類 | 哲学・文学・宗教・芸術 | 合目的性・秩序性 | エントロピー減少 | 加速性増大 |
| 10万年前 | 精神秩序系 | 人間(ネアンデルタール人) | 心理学・精神科学 | | | |
| 450万年前 | 文化秩序系 | 人類 | 生物学 | | | |
| 6,500万年前 | 生命秩序系 | 霊長類 哺乳類 | | | | |
| 35億年前 | | 多細胞生物 真核細胞 藻類・バクテリア | 分子生物学 | | | |
| 46億年前 | 物質秩序系 | 巨大分子 分子 原子 | 化学 物理学 | | | |
| 145億年前 | エネルギー | 電・磁エネルギー 光・熱 | 数学 | | | |
| | ビッグ・バン 無 | | 神秘主義? | | | |

図3-1　宇宙レベルでみた人類への進化段階

段階の世界は自然界でそれぞれ同時的に併存しており、さらに自然界全体がこの段階を一段ずつ、向上的に進化してきたことをも示している。そして人類だけがこの三段階、つまり物質的・生命的・文化的のすべての世界にわたって存在していることもわかる。

さらに人類は約一〇万年前に、いっそう高次の精神・文化世界へと進化する。それはホモ・サピエンス（*Homo sapiens*）つまり「人間」の出現への向上進化を意味する（図3-1）。旧人類ネアンデルタール人になってはじめて、広い意味での「人間」のレベルに達したということだ。

同様にしてテイヤール・ド・シャルダン（Pierre Teilhar de Chardin, 1881-1955, イエズス会司祭）は、きわめて近い未来に最終的な人間の進化段階として、この精神秩序系のなかで、人間の精神はさらに進化して（本書では「メタ精神秩序系」とよぶ）オメガ点に達し、その時点で人間は神と遭遇すると考えた。

彼のイエズス会司祭という立場からすれば、この考えは極めて異端的で、ヒトが神になるということの承認とも解釈されかねない。だからすでに述べたように、彼の考えは教会にとってはきわめて危険な思想で、晩年は教会から講義や出版などを禁じられたりした。

さて、ここで自然界全体の進化を眺めると、どの次元も一段階前の次元から発進して、次の次元へと進化していることがわかる。今後もそのような図式で進化していくのだろうが、もしそうだとすれば、人間の未来はテイヤールが考えたように、精神次元から発進する進化ということになり、オメガ点もしくはメタ精神（超精神）次元に到達するということも、大いにありうることになろう。

## 1.6　メルロ＝ポンティは自然界を三ゲシュタルト水準に分ける

前記の自然進化の三区分については、次元とか領域とか段階や世界とか、研究者たちによってさまざまな表現が使用されてはいるが、いずれも同じ意味だと考えてよい。しかしこれらの用語を吟味してみると、いずれも空間的に区分しただけの意味合いが強い。自然界を三つの区分に仕切って、その三区分を物質、生命、文化という、質的に中身の異なる実体もしくは中身の異なる箱を積み上げただけのようなもの。だからこの箱の中身どうしの機能的なつながりや関係は吟味されたわけではなく、無視されている。単に質的な飛躍として扱われているだけだ。

人間だけに限っていえば、身体的な生物から精神的な人間への進化については、デカルト以来、哲学・人文科学の分野で、異質的な物と心（身体と精神）という埋めがたい亀裂を作ってしまった（心身二元論）。多くの研究者や思想家は物か心かのどちらかの領域で研究を深め、メルロ＝ポンティ（Merleau-Ponty, 1908–1961）のように両次元の亀裂を修復するような効果的な議論は、あまり成功せず、関心は持たれながらも放置されたままになっていた（2.3参照）。

ちょっと話が込み入ってきたが、大切なことなので、話の流れをいささか遮ることになるが、ここでもう少し立ち止まって考えてみたい。これからの話を理解していただく上でも大変役にたつし、ゆっくりと考えればさほどむずかしい話ではないこともおわかりいただけるだろう。

# 2　心身二元論の克服

## 2.1　予測はどこまで可能か

二元論を提唱したデカルトあたりから考えてみることにしよう。一九世紀の徹底したフランスの唯物論者ラ・メトリー（Julien Offroy de La Mettrie, 1709–1751）は、デカルトの忠実な超信奉者だった。というのも、デカルト自身は究極的には、精神と身体を二元的にすっぱりと分断してしまった。だが、ラ・メトリーはその考えをさらに推し進めるかたちをとって、人間の精神もつまるところは一元的に機械（物）と同じだと考えたからだ。だから、彼によれば究極的には精神的活動も機械の動きと同じく一〇〇パーセント予測が可能なはずだと断定した。それが予測できないのは、人間の知や科学が、まだその域に達していないからだという。

いささか余談になるが、デカルトのような考え方に対して批判がないわけではなかった。彼の強力なライバルだったパスカルとの論争を思い出さずにはおれない。たとえばデカルトはその著『情念論』のなかで、涙が出る原因について、機械的な生理的・物理的説明に終始した。それに対してパスカルは、デカルトの考えは、まるでポンプが水を汲み上げるメカニズムのようだという。だが人間の悲しみや涙は「繊細なる心」によらなければ解釈はできないといって、デカルトの機械論的な考え方を、強烈に批判したことは有名だ。

話を元に戻そう。目前の現象が存在するのは、それを引き起こした原因があるからだ。その原因と目前の現象との間には、切っても切れない原因と結果の関係がある（因果関係）。このように考えるのが、機械論。たいへん明快でわかりやすい論理だ。だが、実際にはことはさほど単純ではない。

生物の行動を例に考えてみよう。生物にある刺激（原因）Aを与えると、それに対応する反応（結果）として、生物の行動Bが観察される。つまり原因Aがあれば、結果Bを生ずる。これを心理学では原因・結果が強く結びついているので、「恒常性仮説」とよぶ。ところが実際には、かならずしもそうはならないことが明らかになってきた。同じAという刺激がBやCなどのように違った反応を示し、あるいは異なった刺激BやCが同じ反応Aを示すことが、しばしば観察されるというのだ。

この例からもわかるように、観察や分析をわかりやすくしようとして、刺激・反応や原因・結果の関係を、単純で要素的な関係に還元するのは、まちがいを生ずることが多い（要素還元主義、自然科学や技術分野でよく採用される手法）。つまり原因と結果は、かならずしも対をなすとは限らないということだ。原因Aからいつも結果Bだけを予測できるとは限らないし、結果Cは原因Aばかりでなく、Bからも引き起こされうるというのだ。

予測という問題もさることながら、これらの事実はまず「恒常性仮説」一本槍の心理学者や行動主義者を直撃していた。それまでは因果関係や機械論や要素還元論で片づけていた話が、理解しがたい原因と結果の不一致や不備を、どう乗り切るかという問題に直面したのだ。

## 2.2 ゲシュタルト論の発想

このように、単純な機械論や因果論を鵜呑みにすると危険だということはわかった。その突破口が心理学者たちから切り開かれた。それがゲシュタルト（Gestalt）論だ。たいへんむずかしそうだが、大したことはない。ゲシュタルトとはドイツ語で形態という意味だが、形態論というとかえって意味が茫漠としてしまって、わけがわからなくなる。だから、ここはむしろゲシュタルトという言葉をそのまま翻訳せずに使うことにしよう。

私たちは「ミミラシドシラ……」という音の繋がりを聞くと、その音源がフルートであろうと、ピアノであろうと、バイオリンであろうと、はたまた口笛や草笛であろうと、「荒城の月」のメロディーの一節であることがすぐわかる。音階の一つぐらいをまちがえても、それでも「荒城の月」だと認識できるほどだ。これは一つひとつの音でなく、まとまった音のパターンとして理解することができるからなのだ。このパターンをゲシュタルトという。つまり、ゲシュタルトでは音符の一つひとつをバラバラに聴くのではなく、一つのまとまり、つまりパターンとして聴くということだ。

さらにバイオリンやチェロやフルートその他のさまざまなゲシュタルトである音のパターンが統合されて、もう一段階上のゲシュタルトである「荒城の月」の楽曲が形成される。これらはすべて受け手の意識によって、ゲシュタルト的に理解されるからなのだ。

ここで注意すべきことは、そしてよく誤解されることだが、さまざまな音の混合のなかに「荒城の月」という曲がゲシュタルトとして潜んでいて、それを「荒城の月」として掬い上げ、聞き分けているわけではない。つまり、ピアノという楽器のなかにあらかじめ「荒城の月」のメロディが潜んでいるのではなく、演奏された音のパターンを人間の側の意識が「荒城の月」として聞き分けているということなのだ。

ゲシュタルトの概念は心理学の分野から発達した。二〇世紀前半の心理学では、すでに述べたように、特定の刺激Aは、かならずそれと対になった反応Bを起こすものと信じられていた。だが同じ刺激が、いつも同じ反応を引き起こすとは限らない。つまり同じ刺激が異なる反応を示したり、逆に異なる刺激がいずれも同じ反応を示すということがよくある。この事実から、生物は個々の要素的刺激に反応するのではなく、個々の要素的刺激が形づくる刺激のパターンに反応しているのだということが判明した。このパターンをゲシュタルトというのだ。

そのゲシュタルト論者の代表者のひとりケーラー（Wolfgang Köhler, 1887–1967）は、アフリカ東海岸のテネリフェ島にあったカイザー・ウィルヘルム研究所で、類人猿研究所所長を勤めた。そこで行った数々のチンパンジーの知恵実験は世界的に有名だ。天井からぶら下がったバナナを箱を積み重ねて取ったり、何本かの竿をつなぎあわせて、そのバナナをたたき落としたりするチンパンジーの行動の観察を通じて、知能とは「知覚したさまざまな対象の間の関係をとらえ、一つの構造としてとらえる能力」だと結論した。対象をバラバラにして見るのでなく、パターンとしてみるべきだということから、ゲシュタルト論が出発したのだ。

## 2.3　客観的事実など存在しない

ここでメルロ＝ポンティが強調するのは、よく誤解されることだが、「往々にしてゲシュタルト心理学者たちは、ゲシュタルトが人間の知覚や観察とは関係なく客観的に存在していると考えている。だが、ゲシュタルトは自然のなかに先在しているのではなく、意識にとって存在するものなのだ」ということだ。ゲシュタルトは自然のなかに潜んでいる実体ではなくて、人間の側にあって人間の意識が編み上げたものなのだ。先ほどの例でいえば、「荒城の月」というメロディが、あらかじめ自然のなかに潜んでいるのでなく、奏でられたメロディを「荒城の月」だと、ゲシュタルト的に認識するのだ。

このように見てくると、メルロ＝ポンティはすべての現象を自分はその外側にいて、その立場から観察するという、これまでの悪しき客観主義や科学主義から抜け出して、むしろ新しい主観主義に立っていることがわかる。この立場の違いをしっかり理解しておくことが、後々重要になってくる。

かつてドイツの哲学者ニーチェ（Friedrich Wilhelm Nietzsche, 1844–1900）は「事実など存在しない。あるのは解釈だけだ」といい、量子力学の先駆者のひとりであるハイゼンベルク（Heisenberg, W., 1907–1976）も、「客観的事実など存在しない。あるのは実験装置を通して観察した事実だけだ」と指摘しているが、メルロ＝ポンティの立場も、それらの見解と一致し、同じ地平に立っているというわけだ。

余談だが、話がここまで進んでくると、客観的とか科学的普遍性というのも、「限界つき」「条件つき」で成立するということにならざるをえないことも理解できるだろう。科学という約束事の座標のなかで、客観的であり普遍的なのだ。

にもかかわらず「その考えは科学的ではない！」と決めつけられると、まるでいつの間にか科学が、かつての神の座を占めたかのように、相手を断罪し沈黙させてしまう。しかし、客観的事実など見ることも触れることもできない。フッサール以降の哲学界（現象学）では、人間の認識はこのレベルにまで到達したということだ。

おまけに科学の外側には、たとえば、さまざまな人間の精神活動や芸術や宗教などのような、もっと広大な世界が展開し存在していることを忘れてはなるまい。

## 2.4 「地図は土地ではない」

ゲシュタルトは、地《じ》の上に浮き彫りになってくる図としても理解される。たとえば並べられたマッチ棒が、三角形の図形として知覚されるときには、軸木の木目やその先端に塗られた燐などは地としては目立たなくなり、三角形という形だけが図として浮き上がってくる。これもゲシュタルトの一例だ。

例として、ある地域を考えてみよう。たとえばその地域の土地には、山あり川あり、道は分かれ、森があり、楠の大木が一本立っている。そしてそれらの特徴のうち、記号化できるものを拾い上げて、図にしたものが地図だ。つまり、地域をゲシュタルト化したものが地図だといえよう。地図はどこまでもくわしく図化できるが、土地そのものではない。地図はあくまで、それを作製し、あるいはそれを利用する人間の側にあり、土地にあるわけではない。

この地図と地の関係は、自然科学における対象と記述者の関係に似ている（この原則はアルフレッド・コーズィブスキーにより有名になった）。

自然界にはいくつものゲシュタルト（構造）の層が認められる。物理的世界には物理的世界特有のゲシュタルトが、そしてこの物理的世界のゲシュタルトの上に生命的世界のゲシュタルトが、さらにその上に文化的ゲシュタルト、その上に精神的ゲシュタルトがある。ゲシュタルト論についてはこの程度にしておいて、自然界の進化については、次章でもう少し立ち入って説明することにしよう。

## 2.5　心身二元論のジレンマからの脱出

思索がこのレベルに達すると、デカルト以来の多くの哲学者や思想家を悩ませてきた心身二元論は、フッサール（Edmund Husserl, 1859–1938）やメルロ＝ポンティによって、かなり鮮やかに終止符が打たれることになる。デカルトがとらえたように、「精神と物質」や「心と身体」といった二元対立の構造は、じつは二つの異なる実体などではなく、二つの異なったゲシュタルトだったのである。つまりそれらは「実体ではなく、関係や構造についての意識」なのだ。

私たちと世界との関係は「知覚」という地平で構成されている。身体は純粋の事物でもなく、純粋な意識でもない。身体とは私たちが世界とかかわる仕方を根底で支えている条件であり、体験される現象の総体である（メルロ＝ポンティ　一九六七）。

だからメルロ＝ポンティによると、デカルトの場合と違って、物質と精神、あるいは身体と心は、二つの異質な実体ではなく、二つの異なった水準のゲシュタルトに他ならない。一つの水準のゲシュタルトから、それよりも統合度の高いゲシュタルトが浮き彫りになるとき、前者は後者にとって身体であるとされ、後者は前者にとって心だとされる。それゆえ、心と体の概念は二つの異なる実体として理解するのでなく、互いに相対的なゲシュタルトなのだ。

このように見てくると、心と体の関係は図と地の関係であり、心とは身体という地の上に意味として浮き出してくる図だということもできる。ゲシュタルトとしての図が、地を離れてはありえないように、心は身体を離れてはありえないのだ。

このように考えてくると、もう一つ気がつくことがある。精神と身体という二つの次元は、並列的な同一平面上での関係でなく、層序的関係だということだ。それと同じように、二つの世界や次元を考えるときに、層序的関係が見られることもあるので、そのような場合には層序的・審級的（裁判用語。訴訟事件を一回だけで結審するのでなく、異なる階級の裁判所でくり返し審判する方式）に考えることもなかなか役に立つ。

具体的な例で考えてみよう。情動の世界（ディオニュソス的世界）は理性の世界（アポロン的世界）よりも深層にある。進化史的に見ても、情動は理性よりも先輩なのだ。つまり人間にとっては、脳の構造から見ても情動の世界は理性の世界よりも深い層に基盤を持っている。だからたとえば、善と悪、正と邪、虚と実などのように、同一平面に並べて吟味するのでなく、理性と情動のように、人間を層序的に考察し理解することも大切なのだ。この方が進化史的に見ても生理的・解剖的に見ても、ずっと人間を理解しやすい。ときにはこの二つの働きが衝突し合って妥協しないので、さまざまな抜き差しならないほどの人間的な矛盾や葛藤を生ずる原因にもなる。

## 2.6　自然進化の再考

ゲシュタルト的な内容をいっそう強調する意味ならば、メルロ＝ポンティにならって、前述の自然進化の各段階（物質・生命・文化の次元）に秩序系もしくは位相という表現を当てる方がよいと思う。これまでに私も含めて、研究者によっては物質次元とか生命次元とか文化次元、あるいは物質領域とか生命領域とか文化領域などのように、次元とか領域という表現も使用されているが、ここから先は本書では秩序系もしくは位相という表現を採用することにしたい。

それ故自然を層序的に、物質秩序系(位相)、生命秩序系(位相)、文化秩序系(位相)、精神秩序系(位相)メタ精神秩序系(位相)の各ゲシュタルト水準に区別することにする(P・ラッセルはビッグ・バンに続き、物質誕生までの期間に量子力学や数学の法則が支配する秩序系としてエネルギー秩序系を挿入する)。

これらの位相もしくは秩序系は、自然界の向上進化の段階をも示している。とはいっても、自然そのものが前もってこのような実体的な段階構造を含み持っていた(内在していた)ということではない。人間の意識によって自然をこのような構造に見立てたといった方が適当だろう。すでにくわしく説明したように、ゲシュタルトとはもともとそういうものなのだからだ。

人間だけを中心に構造的に見ると、無意識秩序系(身体)、意識秩序系、超(メタ)意識秩序系からなるといえるかもしれない。これらの構造も、そのような実体が実在しているというわけではない。人間の意識の進化が、このような認識を可能にしたと考えた方がよい(図3-1参照)。

メルロ＝ポンティも、ほぼ先人たちの意見を踏襲しているが、物質的、生命的、人間的秩序という三つのゲシュタルトの水準が認められるという点で異なる。つまり三区分の箱の中身を、それぞれ異なる実体としてでなく、下位から上位へとゲシュタルト的に関連づけて理解している。大切な点なので、もう少しくわしく述べておこう。

これらの秩序は、いわば下から上に層序的に積み重なっている。しかし前にも述べたように、単に中身の異なる箱(異なる実体)が積み上げられているというのではない。生命秩序は物質秩序を前提にしており、人間秩序は物質秩序と生命秩序を前提にしている。つまり、物質秩序が一定の段階まで複雑になると、そこに生命秩序が読み取れるようになり、生命秩序が一定の段階まで複雑になると、そこに人間秩序(つまり、文化的秩序、そして精神的秩序）が読み取れるようになる。

したがってメルロ＝ポンティによると、デカルトの場合と違って、精神と物質、あるいは心と体は、二つの相容れない異質な実体ではなく、二つの異なった水準のゲシュタルトに他ならない。一つの水準のゲシュタルトから、それよりも統合度の高いゲシュタルトが浮き彫りになるとき、つまり地が図になるとき、前者は後者にとって身体であるとされ、後者は前者にとって心だとされる。それゆえ、心と体の概念は実体を異にする絶対的な不連続な区分ではなく、あたかも氷が水になり水が水蒸気になるように、実体的区分でなく位相的違いにすぎず、ゲシュタルト的に相対化されなければならない。つまり、構成要素から見て連続的だが、パターンとして見ると不連続といわざるをえない。だから前述のように、本書では次元とか領域という表現を避けて、メルロ＝ポンティの意を介して秩序系という表現を採用することにした。

これらの秩序系の一つひとつは、前段の秩序系に対しては心であり、次に来る秩序系に対しては身体である。あるいは前段の秩序系に対しては図であり、後段の秩序系に対しては地だということになる。ゲシュタルトとしての図が地を離れては存在しえないように、心は身体を離れてはありえないのだ。

ここでメルロ＝ポンティは、きっぱりとデカルトの二元論とは決別することができた。

このことからでも、人間の存在根拠が動物たちと異なり、いっそう多層的であるために、人間を認識するためには、論理の階層化や遠近性（パースペクティヴ性）がますます大切になるといえるだろう。

# 3　自然界の進化を遠メガネで眺めてみると

大切な話だからと考えて、本幹から枝葉を伸ばしすぎた。そのため大切な姿が葉蔭に隠れてしまった感じがする。それゆえここでずっと引き下がって、あらためてヒトも含めた自然界全体の進化の様相を遠メガネで眺めてみよう。きっと今まで気がつかなかった自然や人間の大切な姿が見えやすくなることだろう。

このような視点に立つと、自然界において人間がどのようなあり方を示しているか、人間はどのような「生き方」「生」を示しているかを知ることにもなる。

この視点はさらに、次章で述べるように、昨今声高に強調されはじめた環境についての、正しい考え方を提供することにもなろう。

## 3.1　物質秩序系の世界

約一四五億年前にビッグ・バンで宇宙は誕生し、量子や原子が飛び交ってエネルギーが充満して熱や光となり、やがて物質が誕生した。さらに、気が遠くなるような宇宙的時間のなかで、太陽系が出現し、約四六億年前に地球が誕生した。その地球は原始的海の状態から、絶え間なく変動し、大気や大陸や海や山や川を生じた。水は低きに流れ、熱いものは冷え、水蒸気は舞い上がって雲となり、雨や雪となって降り注ぐ。気圧の変化は風を起こし、光は明暗を生み出し、エントロピーは増大する。ここではもっぱら物理・化学的法則が支配する世界だ。このような世界が、今も私たちの身の周りに存在していることは明らかだ。

## 3.2　生命秩序系の世界

やがて、地球上に革命的な大変化が生じた。最初のうちは状況によって物質にも生命体にもなりうるウイルス（タンパク質の膜で包まれた核酸の分子で、ＤＮＡやＲＮＡのいずれかを持つ）のようなものだっただろう。そのようなあいまいな段階を経過して、生命が誕生したのだ。

たとえちっぽけな生命体でも、その誕生は飛躍的であり、地球上の大事件だった。もはや純粋に物理・化学的法則だけが支配する世界でなく、生物学的法則が支配する生命の世界の始まりだった（三五億年前）。

まず、自然界ではエントロピー（系の乱雑さ・無秩序さ・不規則さを表す物理量）の増大がふつうに見られる現象だ。水は低きに流れ、熱は冷める。あたかも子どもたちが浜辺に築いた砂の城が、波に洗われ、やがて崩れ落ちて元の砂浜のなかに消えてしまうようだ。

ところが、生命はみずから秩序性と自律性と合目的性を維持し、エントロピーを減少させる。こうして、物質世界と異なった生物世界が展開する。

しかし、生き物も物質を素材とし土台としているのだから、物理的・化学的法則とまったく無縁になったというわけではない。どの生き物も重力という物理法則から完全に解放されているわけではないし、体内を隈なく巡回する血液が運搬する酸素を末梢の組織に与えるメカニズムは、化学的法則に従っている。摂取した食物を栄養に変換するメカニズムも物理的・化学的法則から自由ではない。だが生き物の世界の現象は、そのような物理・化学の法則だけでは完結しえない、それ以上のものがあるというわけだ。

この生き物の世界では、流れる時間は前述の宇宙的時間や地質学的時間に比べると、いちじるしく加速性を増していて、現象の変化も速いことがわかる。

また、生き物の世界では、いくつかのクリティカル・ポイントを現象的には飛躍するかのように進化して、たとえば脊椎動物が誕生し、そのうちのあるものは哺乳類へ、さらにそのあるものは霊長類へと進化していく。

## 3.3　物質文化秩序系の世界

ふたたび地球上で、革命的な変化が生じた。生命的秩序系の世界のなかで、生物は進化して高等動物を生み出した。そのなかから、ただ単に自然界の掟に従うだけでなく、みずからの力で自分に都合がよいように自然を切り開き、手を加え、みずからの意思で生活するという文化的行動を行う人類が誕生したのだ。

この世界では、先ほど述べたのと同じように、もはや純粋の物理・化学的法則や生物学的法則は、そのまま適用できない。次元を異にする文化的諸法則が支配する世界だ。たとえば明治維新の出現を物理・化学的法則や生物学的な法則で説明しようとしても、無理があるばかりか、滑稽ですらある。やはり文化的・人文的法則のなかで考察すべきなのだ。

その文化的諸現象は、時間的にもいよいよ加速性を増す。人間は、まさにその先端部に位置している。しかもその状態は、人間にとってよいことばかりでなく、みずから創り出しながら人間との間に亀裂を拡げ、矛盾を大きくしていく。

## 3.4 精神文化秩序系の世界

「文化」には物質文化と精神文化がある。前者は道具類や機械類などの生活を支える事物や技術を指し、後者は価値観や道徳や宗教や芸術一般のような人間の精神活動を中心とする文化を指す。

広い意味での文化秩序系には、この両方が含まれており、切り離して考えるのは適当ではないかもしれない。しかし、物質文化と精神文化とでは、支配する法則が異なり、両者が発達すればするほど、その違いは明確になってくる。

そして物質文化を支える産業や技術は、とくに産業革命以来飛躍的に発達して、その発達度や加速性は目に見えていちじるしいものがある。そして原子や核や遺伝子レベルでの解明や応用などまでも現実のものにしてしまった。核爆弾や生命の人工的な操作や技術まで人類は手中に収めたのだ。だがそのコントロールだけは、究極的には決定権を持つ人間の意思と精神に残されたままになった。

それゆえこの精神的権利こそ、人間をして高貴ある人間たらしめる重要な資格だということもできるだろう。

## 3.5 「物と心」の調和と崩壊

ところが一見したところ、物の世界は心の世界よりも、その力や働きが目に見えて現実的で即効的だ。それ故人間の精神文化の発達は物質文化の発達に比べて遅れており、両者のアンバランスが今では危機的なほど大きくなったことも事実だ。それゆえハンガリーの科学哲学者ケストラーは、その辺の様相をきわめてシニカルに、次のように表現したのだ。

「その状況は、小児をダイナマイトの束の上に座らせて、マッチを持たせ、『坊や、ここでそのマッチを擦ったら危ないからね』と諭しているようなものだ」と。

今日の緊迫した国際情勢を振り返ってみれば、これがいかに真実味があるか、よく理解できるだろう。人類全体が自爆できるほどの力を、人間は握ったのだから……。

このような意味から、今までのように文化秩序系を一つにまとめて考えるよりも、さらに物質文化秩序系と精神文化秩序系に分けて考える方が、現実的で対処しやすい。両者は性質や意味からいっても社会的機能から考えても、いよいよその違いが明確になってきているからだ。

科学や技術の発達も、それを扱っているのは人間であり、人間の精神つまり思想や価値観や人間観が先行していて、その逆ではない。科学や技術が発達しても、人間の悩みや心の苦しみは解決しない。このように考えてくると、究極的に人間を救うものは科学や技術ではなくて、人間の精神であるはずだ。

## 3.6　進化の最先端に何が来る？

ここから先は未来の問題であり、どうなるかだれにもわからない。ただいえることは、文化的生物である人間が絶滅することがないと仮定すれば、そして地球上の進化がそのまま継続するとすれば、おそらくは精神秩序系のなかから、新しい世界が展開することになるだろう。ひょっとすると、ヨハネ黙示録にあるようにイエスが再来して新しい世界が到来するのか、あるいはテイヤール・ド・シャルダンの予測のように、きわめて近い将来に人間はその進化の頂点（オメガ点）に達し、そこで神と遭遇するというのか……。

しかし、もっとも考えやすいのは、人類は精神的堕落の増大から、みずからの手でみずからを自滅させる方向へと突き進む可能性が大きい。だがそのように結論づけてしまえば話は簡単だが、そこで思考は停止してしまう。

生物の世界には永遠というものがなく、生命の誕生この方、永遠に繁栄した生物種はいない。種の誕生、成長、退化・消滅、絶滅、あるいは新種へのシフト（シンプソンのいう量子進化、J・ハックスリーのいう分岐進化。旧種の消滅という意味では、絶滅のタイプの一つといえよう）など、まるで阿弥陀籤のようにさまざまな過程を経て、今の生き物たちの姿となって現存しているのだ。

このような有限の世界で、始まりを設定することは、終わりがあるということをも意味する。今かりに、生物を生命のレベルに限って見るとき、すべての生物は生命の大樹として、生命誕生以来連綿と片時も途切れることなく生命の糸で結ばれ、今生きているすべての生物もたがいに生命という糸で繋がっていることだけはまちがいないのだが……。

地球上では、すでに述べたように四秩序系、つまり物質、生命、文化、(メタ)精神の各秩序系が併存していることはわかった。すでに述べたように、スペンサー以来、無機的次元・有機的次元・超有機的次元、その他いろんな表現がなされてきたが、大筋ではこの進化的な図式が認められている(スペンサー、クローバー、P・ラッセルなど)。

この各秩序系は自然の進化の段階的順序であり、地球上での大枠の構造と認識されている。そして、この各秩序系のすべてにわたり存在しているのは、地球上では人間だけなのだ。つまり、人間はこの各秩序系をすべて内包していることになる。人間はまちがいなく多くの生物たちと共通の、既知の物質で構成されている。しかしそれだけでは完結せず、その構造に生命を宿らせている。さらにその生命を持った存在が、文化を持ち文化的に生きると同時に精神活動も行っているというわけだ。

だから、ガリレオがピサの斜塔で鉄球の落下実験をし、ニュートンがリンゴの落下に気づき、藤村操が「巖頭の感」の一文を残して華厳の滝に飛び込んだときも、ひとしく物理的な万有引力の法則が支配し、落下した。どの生物もひとしく物理・化学的世界に生き、さらに新陳代謝や繁殖のメカニズムを維持しなければ、生存戦略で敗退する。しかし人間の存在はそのような物理的・化学的な法則や生物的な法則の世界のなかで、それを超え、より高い文化の世界で生き、かつ精神活動をしているというわけだ。

このように見てくると、生きている(生命がある)ということではネズミも人間も同等だが、人間は精神や文化の世界にも生きているという点では、両者はまるで異質だということがわかる。

## 4　特殊な人間（ヒト）の環境

私はすでに環境という概念について、前著『服を着たネアンデルタール人』のなかで、ある程度くわしく述べてきた。つまり、環境という概念は、理解の仕方が科学主義から一歩も出ておらず、その弊害が次第に大きくなってきているので、根本的に考え直さなければならないところにきているということを指摘してきた。

私の基本的な考えは、今もほとんど変わらない。用語法とそれに伴う変化が少しばかりあるだけだ。それゆえ、あまり重複する記載は好ましくないので、少し違った観点から慣用的な環境という言葉について批判的に述べるに留めたい。しかし、そのようなことは単なる言葉の綾ではないかとか、ペダンティック（衒学的）な言葉の弄びではないかとかで、済ますわけにはいかない。

まず第一にベーコン（Frannciss Bacon, 1561–1626, 英国の哲学者・政治家）によると、目的に沿うべく自然の一部を切り取ってきて、人工的な条件のもとにおいて痛めつけると、自然は白状するという。自然を実験にかけ、口を割らせるのだ。それ以来実験は「自然の拷問台」といわれるようになった。こうして彼は初めて近代的な科学的方法を確立した経験論の祖となり、同時に帰納論をうち立てたことで有名になった。逆にいえば、自然は空気や水やさまざまな地下資源などのように、いくら痛めつけても搾取し続けても尽きることはない無限・無尽蔵の存在だという理解が強化されてきた。この考えは、自然科学や技術の側には都合がよく、環境や自然はたいへん扱いやすい存在となる。

第二に、環境をこのように理解することにより、人間は自然界の支配者の目で見るような錯覚を持つようになった。

これらの発想が、現代の自然破壊や資源枯渇や産廃問題を引き起こす元凶にもなった。そのことを謙虚に認識しなければ、人類全体の危機から滅亡への転落を防ぐことはとうていできまい。

それゆえここで改めて、環境について新しい観点から考え直しておきたい。

## 4.1 「環境」という概念は意外に新しい

一九七〇年頃から、環境問題を論ずる声が次第に高まりつつあった。環境を巡る研究会や講演会やシンポジウムなどが増えはじめ、いつも盛会だった。だが、それらの主催はいつも産業界やそれと密接な関係を持つ工学や医療技術の分野が中心だった。

それとほぼ並行するかのように、一九六〇年代から生物学でも生物の生き方を研究する生態学や霊長類学が発達し出した。その研究の流れのなかで、動・植物や人類の存続の危機を示す兆候に研究者が気がつきはじめた。そしてその危機的兆候は見る見るうちに、広汎かつ急速に広がっていった。

しかし、そのような場合でも、主役であるはずの人間は特別の位置に置かれていた。その位置からベーコン流に、今風にいえば科学的・客観的に、人間の外側の条件を分析し解釈するのが普通だった。私はそのような環境論に疑問を持ち、主体である人間や生物と客体である外の条件との間には、切っても切れない系（システム）があることを理解することの大切さを強調してきた。もっと端的にいえば、客体である外の条件も人間の属性の一部なのだ。「環境のない人間」は存在しないし、「人間のいない人間の環境」などはあり得ようはずがないからだ。

ベーコン以来「環境」という言葉が（言葉としてあったかどうかは知らないが）、まちがった考え方を強化してきてしまった。その影響を思うとき、それが今日の深刻な環境汚染を引き起こしており、たかが言葉の問題だということで処理しきれないことがわかってきた。

ことほど左様に環境という言葉には、「自分を取り巻く外部の世界」というニュアンスが強い。そのようなことから、ベーコン以来環境もしくは自然とは自分の外部にある条件であり、技術的に操作可能な自然だ、と矮小化する傾向が見られるようになったのだ。汚染物は途切れることなく流れる清流に流せばよいし、もくもくと出る黒煙は無限に広がる青空に排出すればよい。自然は無限なのだ。

しかし考えてみれば、この発想は実験と機能的手法を強調して近代科学の出発点を築いたベーコン以来の伝統でもあった。ベーコンによると、自然を「拷問にかけて、その秘密を吐かせる」ことが実験であり、そのデータから機能的に法則を得るのが、それ以降の科学のオーソドックスな手法だった。つまり、主体である人間は別格扱いで、その外側にある事象や出来事を客観的に扱うのが科学だったのだ。

では「環境」の正しい意味とは何か。それをどう理解すればよいのだろうか。それは生き物を取り巻く客観的な外部条件のことではない。単なる物理的・化学的条件とも違う。たとえば自明のことながら、ヒトとネズミ、ネズミとトリやサカナなどでは、棲んでいる場所や生き方が異なるように、それぞれ環境や生活世界が違う。水生のサカナと陸生の動物では生き方も違うように環境や生活世界も違う。

このことを最初に的確に指摘したのは、エストニア出身でドイツのハンブルク大学で研究した動物学者ユクスキュルだ（Jakob Johann von Uxküll, 1864-1944）。彼はそれぞれの動物はそれぞれの「環世界」（Umwelt、ドイツ語で um= 取り巻くまたは環、welt= 世界。Umwelt を環境と訳しているが、環日本海、環太平洋などと同じ語法で、環世界と訳すべきか）を形成しており、それを生物を取り巻く外条件（Umgebung、ドイツ語。環条件）という言葉にすり替えて矮小化することはできないことを強調した。

この視点は哲学や比較行動学の分野にも大きな影響を与えた。逆にいうと、ユクスキュルまでは環境という概念は、生物学や哲学の分野でも正確には理解されていなかったといえよう。以後環境という用語を踏襲するが、意味はユクスキュルの環世界と同じで、環条件ではないと理解していただきたい。もし環境をユクスキュル流に理解しておれば、今日のような深刻な自然破壊や産廃問題は進行していなかったかもしれない。

ほぼ同じ環条件のなかに棲む動物どうしが、同じ餌をめぐって競合するときは、そこに生存競争が生ずる。喰うか喰われるかの関係を生じた肉食獣どうしは、弱肉強食の関係を生ずる。その環条件が人為的に汚染され、人類に深刻な影響をもたらすときには、これを公害と呼ぶようになった。

生物によって、同じ森に棲んでいてもその環境は同じではない。同じ一本の木に棲むキッツキとアリたちを見ても、環境は違うわけで、そういう意味で客観的環境などという表現は、もはや死語に近いことがわかる。それぞれの生物は、取り巻き条件つまり環条件のなかから、自分が生きていく上で意味のあるものだけを、与えられた感覚器官を通して受け容れ、構築しているのだ。つまり、環条件のなかから自分の生存に必要な条件だけを感覚器官を通して選択し、みずからの世界を構築する。それが正確な意味での環世界であり環境なのだ。

どの生物種もそれぞれが自分中心に個別の外条件（環条件）をまとめ上げ、ヒトやネズミやトリやサカナなどの環世界を作り上げていることはわかった。日本語では、環条件（Umgebung）も環世界（Umwelt）も環境と和訳されているが、ユクスキュルに従って環条件と環世界を区別しておきたい。似た表現として、現象学では客観的世界（数学や物理・化学的法則が支配する世界）と区別して生活世界という概念が使用されているが（Lebenswelt、Leben ＝生活）、ここでは Umwelt と Lebenswelt はほぼ同じ意味と考えて差し支えない。(2)

## 4.2　生物と感覚器官との関係

以上に述べた生物主体と環条件を、もう少しくわしく眺めてみよう。奇妙に聞こえるかもしれないが、生物にとって自分が生きるのに必要でない刺激や情報は、外的条件のなかに含まれていても、まったく存在しないのも同然だ。それというのも、生物は自分が生きるために必要な刺激や情報をキャッチする感覚器官を備えており、その感覚器官は生存に必要な刺激や情報だけをキャッチする働きをしている。だから、生存に必要のない刺激や情報は感覚器官にとってはあってもなくても同じこと。つまり、その動物と生命維持に必要な環条件との間には、閉鎖的な系が構成されている。これが、その生物の環世界つまり環境なのだ。

いいかえると、どの感覚器官もその生物に必要な刺激だけを選択する働きを持っており、生存に必要な外的条件だけを切り取るものとして機能している。このようにして、その動物に特有の系が構成され、環世界（環境）が作り上げられているというわけだ。

たとえば、視覚に限っていえば、色彩感覚を持たないイヌの世界では色彩が欠けており、またイエバエの世界では濃淡だけの像から構成されている。このように各生物はそれぞれが異なる感覚器官を持っており、それによって同じ空間内でも異なる環世界を形成している。

明度覚・嗅覚・温度覚しか持たないダニは、この三感覚だけで環条件をまとめ上げて、ダニの環世界を構成している。

そのメスは皮膚の明度覚で木に登り、嗅覚と温度覚で木の下を通る哺乳動物を捕らえ、落下し、その動物に取りついて血を吸う。

あるいは実際に刺激が生物に届いていても、それを受け取る感覚器官がなければ、自分が生きていく上で関係がないという意味で、そのような刺激は素通りするか、もしくは自分の環世界から排除してしまう。たとえばトカゲは、どんなにかすかな葉擦れの音にも敏感に反応し、身をひるがえして逃げるのに、傍らでピストルが鳴っても素知らぬ顔だ。トカゲは、ピストルの音などとは縁もゆかりもない環世界（環境）に生きているからだ。

それゆえ、まったく同じ刺激が動物によって違った価値を持つこともわかる。一本の同じ樫の木でも、その木の根本に巣を営むキツネにとっては雨除け、木の窪みに巣を営むフクロウには風避け、リスにとってはよじ登るもの、トリにとっては巣を営む土台、アリにとってはただ樹皮があるだけだ。

このようにして構成される環世界（環境）は、しばしば生理的環境もしくは生態的環境と呼ばれる。このような秩序系（環世界もしくは環境）は人類でも共通だ。このレベルの環世界が人為的に阻害もしくは破壊的影響をもたらす場合には、すでに述べたように公害という名で呼ばれる。

## 4.3 フィルターを素通りする環境ホルモンや有機化合物

この事実が、二〇世紀後半頃から生物や人類に深刻な問題をもたらしはじめた。

約三五億年前に、この地球上で、きわめてちっぽけな単細胞の生命が誕生した。だが、たとえちっぽけでも、このできごとは地球上では革命的なできごとだった。それ以来、その生き物は周囲の環条件のなかから、生きるために必要な物質を、みずからの感覚器官で吟味しながら、選び取って生きてきた。そのくり返しの流れのなかで、高等な生き物へと進化してきた。同時に、いろんな種類の生物をも生み出し分化しながら、多様化してきた。

その際、生物たちの身体を構成する物質はすべて、それまでにその生き物が生活してきた地球上の既知の物質に限定されている。その生き物が接する機会のなかった深い地底の重金属や人工的な新素材や新物質などは含まれていない。

いいかえると、あらゆる生物は、その背景に進化史的な過去を背負っている。もし長い進化の過程で生存に堪えられない事態に直面すると、そこで非情にもきびしく淘汰された。

なかには今も淘汰されつつある生物もいることだろう。今、身の周りに見られる生物はすべて、それらの生存条件をなんとか潜り抜けてきた生き残りだといってもよい。

だがその際に、生き物が長い進化の途上で、遭遇したこともないような物質に対してはまったく無防備で、毒物として忌避した。また、うっかりして取り込んだものは排泄するだけの生理的メカニズムを進化もしくは発達させてこなかった。だからそのような物質に直面しても、それらはいとも簡単に生理的フィルターを素通りして体内に侵入し、いつまでも体内に残留して、排泄することもなく、長期にわたってじわじわとその生き物を、内部から攻め続けることになる。

その最たるものに、内分泌撹乱化学物質とよばれる物質（俗に環境ホルモン）があって、それがいま人間を直撃している。人間の感覚器官がチェックできないために、素通りして体内に侵入し、本来の成長ホルモンよりも先に、まるで正常な成長ホルモンのように擬似的に働いて、発育を阻害する。その他、催奇性物質や発ガン物質なども含めて、このような危険な物質が約七〇種類もある。

すぐ目につく催奇性や発ガン性の化学物質の場合、チェックは比較的容易だが、数世代後でないとわからないものは、まことに始末が悪い。おまけに進行中の現象はいつも明瞭な結果が顕在していないことが多く、実証性と因果関係を重視する科学主義や技術主義のもっとも苦手とするところだ。また、環境を「外の世界」としてみてきた科学主義の欠陥をも見る想いがする。

このような危険物質が体内に取り入れられた場合、その被害が個体レベルで留まっていればよいのだが、体内に蓄積・濃縮され、最終的に食物連鎖の頂上にいる生き物が、その高濃度の物質を摂取することになる。そのような物質の多くは体脂肪に蓄積され、人間も含めて哺乳類では高脂肪の母乳を通して乳児に受け渡される。だからその影響は個体レベルに留まらないで、世代から世代へと作用し続けることになる。このようにして体内に残留した化学物質によっては、ごく微量でも疑似ホルモンとして胎児のホルモン系を攪乱し、性の発現や発育に重大な影響を及ぼす。

このような現象は、今では全地球に広がっているといってもよい。アメリカのハクトウワシの孵化率は大幅に下がり、ミシガン湖でミンクの不妊が激増、英国でカワウソが激減、北海のアザラシがジステンパー・ウィルスに感染して大量に死亡し、その死骸の皮下脂肪には通常の二〜三倍のＰＣＢが発見され、日本近海の魚介類のペニスの発育が悪く、人類でも青年期の精子数が半減している（コルボーン他　二〇〇二。その他、この種の情報は新聞や雑誌にも頻繁に登場しはじめた）。ホルモンに誘発されるガン、不妊症、子どもに見られる神経障害、野生動物に見られるさまざまな繁殖異常や大量死などなど。まだ未解明の部分も多いが、それらを引き起こす疑わしい物質は身辺にごろごろしている。

まだ実証されていないということで、故意もしくは不注意で見過ごした場合、もしその疑わしい物質の凶の結果が出てしまったときには、転轍機はすでに多くの動物たちや人類を絶滅への軌道に切り替えてしまったことになり、もはや救済の手だてもないということになりかねない。

だから操作しやすいからといって、環境を「人間を取り巻く外の世界だ」などと悠長なことをいってはおれまい。人間の環世界は人間そのものだからだ。レッド・カードの結論が出たときには、人類が絶滅に瀕するときということになりかねない。

せっかく地球温暖化の歯止めをかけるべく、一九九一年の炭酸ガス放出規制を決めた京都議定書を、自国の産業政策優先のために踏みにじる大国の行動は、悲しみを超えて、怒りを覚えるほどだ。

これを世情を騒がす空騒ぎといって切り捨てるか、人類や動物たちを救済すべく、疑わしきを罰して生産や経済にブレーキをかけるか、いずれを選ぶにせよ、その選択の代償はきわめて大きいことはたしかだ。そしてその解決の鍵は科学技術ではなく、人間の精神が握っているのだ。

## 4.4 「生」の理解

ウサギはウサギにとって、キツネはキツネにとって、それぞれが生きる上で必要な条件を、自然のなかから積極的に選び取りながら、ウサギはウサギの、キツネはキツネの環世界（環境）を築き上げていることはわかった。

その際、多くの進化論者がいうように、生き物は一方的に自然の側から手を加えられて淘汰され、あるいは生き物の側からやみくもに、自然条件に従属的に適応しているだけの、まるで主体性のない糝粉《しんこ》細工などではない、ということも認識しておく必要があろう。

そういう意味では、自然選択とか自然淘汰という理解は一方的に偏っている。

ニーチェの考えでは、生き物は「外的条件に、なされるがままに消極的に適応するのでなく、常にみずからの欲求によって外部の条件を選択し服従させ、自分に同化吸収していく意志を持っており、それを生」と呼んだ。生き物には生きるという意思があり、そのために外的条件を受け身で受け容れ、それに適応しているのでなく、むしろ逆にそれを生物の側から積極的に選択しているというわけだ。

たしかに生物はそのようにして、絶えずみずからの環世界（環境）を築き上げていく。この生物の生活世界の中身を覗くと、生物主体とそれを取り巻く環条件によって切っても切れないシステムが形成されている（環境、環世界）。その環条件は物質・生命・物質文化・精神文化の各秩序系として生物主体を取り巻くように形成しており、人類もしくは人間では、その系を人類もしくは人間の環世界（環境）と呼ぶ。

このように見てくると、人間の環世界（環境）は生物のなかでも、もっとも広くかつ層序的に深いことがわかる。

## 4.5　ヒトとその環境は分離できない一つのシステム

すでに明らかになったことと思うが、「ヒトのいないヒトの環境」、「環境のないヒト」は実在しない。ヒトとその環境は、切っても切れない一つの関係もしくはシステムに収まっている。それはちょうど、「舞台と役者が一つになってはじめて、芝居が成り立つ関係」に似ている。舞台のない役者、役者のいない舞台は意味がない。つまり、それと同じように、人間とその環境はもともと一つなのだ。

今「環境」という言葉で環世界が問われている。生物はもとより、人間が生きていく上で、もっとも奥深い生理的次元にまで直接影響が及ぶ深刻な現実が次々とクローズ・アップされてきたからだ。最近そのシステムのうち、本来切り離せないはずの環条件だけが切り離されて、議論されるようになった。その環条件の中身は、主体である人間自身の存亡にまで影響や危険が及ぶことが認識されるようになり、にわかに深刻さが増してきたというわけだ。

だがくり返し述べてきたように、慣用的表現としての人間の環境は、人間そのものなのだ。「人間」とその「環世界」という概念は、ちょうど心と体が分離できないように、大きく深く重複していると考えるべきなのだ。それがベーコン的・科学的理解によると、人間と環境という二つの実体に切り離し、環境を客観的存在として理解し、あるいは環境を人間の外にある存在と理解するようになった。たしかにそのような見方をすれば、環境は人間が自由勝手に操作しやすい外部存在だということになる。

このようなことから、現在の誤った環境論では「では、人間は?」と訊ねると、怪訝な顔をして「自明な存在として、脇に置いてある」という答が返ってくる。このようにして、今では、残念なことに後戻りがむずかしいところまで環世界の破壊が進行してしまった。環世界の破壊は人間そのものの破壊とほぼ同義なのに、だ。だから人間にとって、環世界はもはや傍観的な客観主義者でいることは許されないことがわかった。とすれば、参加者もしくは関与者として振る舞う以外に術はなく、このような観点から、もう一度環世界そのものについて考え直しておく必要がありそうだ。

### 4.5.1 環世界(環境)の拡大と質的転化

人間には、すでに見てきたように、その構造のなかに物質、生命、物質文化、精神文化的各秩序系が組み込まれている。このように見てくると、人間の環世界は他の動物たちと違って層序的にいちじるしく深く、幅も広いことがわかる。しかし、人間の環世界を量的に拡大した点だけを見ると重要な特徴を見落とす可能性がある。つまり、人間の環世界は、文化的に拡大しているだけでなく、質的にも転化していることを見逃してはならない。

### （1）食は個体維持に留まらず

摂食は、いうまでもなく生物としては個体維持に欠かせない行動だが、人間では個体維持に留まらす、「爪と牙」によらない経済的手段（文化的）で入手され、食材はその部族や民族の習慣に従って調理され、あるいは栄養学的というよりも好みに応じて摂食されるようになった。

夕餉の食膳で「マグロの刺身で晩酌したい」と思っていたのに、「こちらの方が経済的で、健康的だわ」といって、膳の上には目刺しが二匹載っていたとしたら、心理的にとても満足できまい。人間にとって食事は単なる餌ではないのだ。食は個体維持に留まらず、楽しみの一つとされるようになったのだ。

下等な生き物たちでは、捕食はそのまま摂食行動でもある。たとえば爬虫類などでは餌を捕獲したときは、すでに摂食の始まりでもある。人間の場合はこの関係が社会的・文化的に次第に間接化され、質的に転化していく状況がよくわかる。

たとえば人類の場合、食材の入手はもはや「爪と牙」によらず、道具や技術のような物質文化的手段を駆使して入手される。その食材は運搬され、「爪と牙」の代わりに貨幣によって入手され、その食材は、それぞれの民族や部族の慣習や好みによって調理されて、やっと口にすることになる。さらに、冠婚葬祭などの祭礼時には、それに見合った調理が施され、儀礼には欠かせないものになる。この際、どこのだれが、いつ、どのようにして食材を入手したかは問題ではない。

このようにして、食は個体維持のために、あるいは健康保持のために食べる餌と同等のものではなく、食べる楽しみや好みや儀礼へと質的転化していることがよくわかる。

## (2) 性は種族維持に留まらず

性についても同じような質的な転化が見られる。本来は種族維持や子孫繁栄には欠かせないものが性だが、文化はそれをすっかり質的に変化させてしまった。

いくら生物学的には欠かしえない重要な生物学的条件だとしても、だからといって、性的に成熟した異性どうしが、出会いがしらに乱交的に性器的結合することなど、地球上のいかなる部族を見ても人間と名のつくかぎり、ありえないことだ。どのような未開の部族であれ、その社会の掟に従って、交際、婚約、結婚などの儀式を経てはじめて性的な生活が許される。その点ではむしろ文明社会の方が崩れていて退廃的なことが多い。そして種族維持という本来の意義から離れて、享楽的に終始するか、愛へと転化させるかは、当人の選択の自由にまでなってしまった。

きわめて生物学的と思われる出産に際しても、どの部族や民族でも、諸々の儀式によって、当人はもとより親族うち揃って祝福し、性が人間的な情や愛にまで昇華した姿が見られる。

このようにして生物学的根拠に根ざす行動や現象も、人間の場合には本能まる出しではなく、文化的に質的変化を遂げてしまっていることがよくわかる。人間が文化を持っているということは、生物的人間に文化がプラスされたというのではなく、どの行動も質的にまったく違った文化的なものに質的転化してしまっているということだ。

衣や住についても同じことがいえる。

## （3）嗅覚の世界から視覚の世界へ

先に見てきたように、ヒトも含めてどの動物も、基本的には与えられた感覚器官を介して、みずからの環世界を構築していることがわかった。その際、ヒトやサルたちが他の哺乳動物たちと大きく違っているのは、嗅覚中心から視覚中心の環境を構築し、それに合った行動や生活に切り替えたことだった。その視点から人間を見てみよう。

広く人類史を眺めてみると、猿人・原人・旧人・新人と向上進化（アナジェネシス）してきたことがわかる。後期旧石器時代以降になると、狩猟・採集生活から農耕・牧畜生活へと生産技術が飛躍的に向上し、それに比例して人口の増大と集中化・過密化が見られるようになる。この人口圧や過密化が、そこに住む生物や人間にとって看過できない影響をもたらす。このことを如実に示すきわめて興味があるが、一方では恐ろしい事実を示唆する報告がある。

カルフーン（J. Calhoun）は、約一〇〇〇平方メートルの柵のなかに、野生の妊娠したドブネズミ五匹を放し、自然状態で個体群動態を二八か月にわたって観察した。食物は豊富にあり、ネコやキツネなどの天敵による捕食圧もないのに、どういうわけかネズミの個体数は約一五〇匹以上には増えない。飼育の方法によっては五〇〇〇匹でも増殖可能なはずである。どうして、そのようなことになるのだろうか。

これまでにも、動物が一カ所に不自然に多数集まると、行動学的に異常な状態を引き起こすことが知られている。これをカルフーンは行動的座礁（behavioral sink）と名づけた。順位とナワバリ、攻撃行動、性行動や育児行動などの生物として生きていくのに基本的ともいえる行動に異常を生ずる。ドブネズミは一二匹くらいずつで、部分的にコロニーを形成して生活することがわかった。このコロニーが維持できないほど過密になると、ドブネズミの集団は、たとえ食が足りていようとも、まさに狂気的状態に陥った。

同じようにクリスチャン（Christian, J.J. 1964）のウッドチャック（リスの一種）の研究でも、過密状態になると、攻撃性と性行動の暴発、それに伴う副腎を過負担にしていることなどがわかった。その結果、受胎率の低下、罹病率の上昇、低血糖による大量死などによって個体群は崩壊する。その際、劣位個体の副腎の方が、優位個体よりも激しく活動し肥大していることから、優位個体が生き残るチャンスが大きく、それが自然淘汰の引き金になっているという。魚類のトゲウオや哺乳類のネズミや有蹄類のシカなどでも、混み合いは仲間の攻撃に始まり、さまざまな異常行動を経て大量死するが、同じメカニズムが作用しているらしい。

人間の場合はどうか。人間をネズミやシカやサカナなどと同列に論ずることはできないが、生物学的に同じようなストレスがかかっていることはまちがいない。ただ、人間ではストレスの情報を処理する仕方が、多くの哺乳類と本質的に違う点がある。

人間では受け取る刺激を嗅覚中心から視覚中心へと進化させてきた。もし人間がネズミのような嗅覚中心の生物であったら、人間は周囲の情報を情動的に受け取り、それに大きく左右されることだろう。それに比べて、視覚ははるかに複雑な情報をコード化し、抽象的思考を促す。嗅覚は深く情動的で官能的には満足いくものであるが、視覚中心になった人間は心理的に、はるかに広い許容性と適応能力を示す。嗅覚は融通性の少ないホルモン支配に委ねられるが、視覚情報はまず大脳皮質レベルで処理される。当然のことながら、ホルモン支配の動物が築く環世界と、大脳皮質支配の人類が創り出す環世界とでは、大きな相違を生ずる。ホルモン支配の環世界は閉鎖的だが、大脳皮質支配の環世界は開放的である点でも、質的な違いがあるといえよう。

### 4.5.2　環世界（環境）の進化に伴う個人の向上進化

人類史的に見て、その環世界（環境）は人類と共進化してきた。もともと環世界と人類は同じ一つのシステムを構成しているのだから、そういう意味では当たり前のことだ。人類が進化すれば、その環世界も連動して進化する。これまで見てきたように、人類は約四五〇万年前に誕生して以来、生物学的にも文化的にもいくつかの節目を超えながら、今日まで進化してきた。

たとえ人類化石が未発見でも、残された先史遺物や遺跡の状況から、彼らがどの程度人類もしくは人間に向かって向上進化してきたか、推測が可能だ。解剖学や生理学、心理学や行動学や霊長類学、人類学や先史学や考古学などの分野で、それらを裏づける、かなり信頼が置ける証拠が積み上げられてきた。だが、ふしぎなことに人間性もしくは人間の精神面での進化については、正面から触れた研究はないようだ。

本書では、人類が人間と呼びうるレベルに達したのは、ネアンデルタール人（旧人類）からだと断定した。彼らは死の世界や祖霊や霊魂の存在を知り、部族的な信仰心を持ち、死者を埋葬した。先史遺物に施された彫刻や装飾から、抽象的な思考や美的センスも生まれており、精神や知の世界は生や死の他に過去や未来にも広がり、彼らの時空は明確に立体的になっていたことがうかがえる。

旧人類は瞬く間に新人類へと進化し、両者の間にはほとんど明確に区別できるほどの壁はなかったらしい。この辺からの人類進化は、もはや生物学の領域を超えて、むしろ文化的進化といった方が適当かもしれない。

ギリシャ時代以降、知の発達はきわめていちじるしい。知はもともと生活と密着した現実的なものだった。日常の生活のなかで、いかに安全に、快適に、効率よく暮らしていくかということへの指針を与えてくれるのが、知のさしあたっての目的だった。そのようなことから、メソポタミアやエジプト、インダスや黄河、メソアメリカ（マヤ・アステカ文明）や古代アンデス（インカ文明）などでは、価値観や信仰の根拠になるものを求めるようになった。一方では知のための知を求め、それによる精神的充足感を得ようとした。

このような文化・古代文明のなかで生活する個人の精神構造や人格も、いちじるしく進化した。

人間の精神や心理は、多少の環世界の変化でも十分対応できるほどの適応能力をもっている。その精神や心理の幅や深さは大きいために、はたして人間の精神や心理が生活の時空を超えた進化をしているのかどうか、定かではない。おまけにその進化は目に見える性質のものでもない。だが、たとえば縄文人が、いきなり国際空港の真っ只中に立たされたとしたら、どうだろう。驚きを通り越して、卒倒してしまうことだろう。天動説から地動説に信念を変えた人、「地球は丸い」というパラダイムに生きた人、産業革命の前と後を経験した人、「地球は青かった」という経験をした人（宇宙飛行士たちが初めて地球を見たときに、等しく発した言葉）、彼らは外見は同じでも、意識の違いという点ではまるで異質人なのだ。

現代人は知らず知らずのうちに、高度の産業社会に適応してしまって、その喧噪や複雑さやめまぐるしさに慣れてはきた。だが、その精神や心理の適応変化はまだ十分ではないとすれば、現代の複雑な社会のなかでどう生きていけばよいのだろう。

さまざまな不条理や無条理に直面し、うまく生きていけないならば、それに対する方策を講じなければならないのではないか。

## 5　人間はどこまで家畜か

人類の進化を考えるには、他の動物たちと違って、人類が文化を創り出し、その文化的環境のなかで進化してきた側面を無視してはならないことはわかった。つまり、純然たる生物進化の次元だけで人類を見ることはできない。このことをウィーンの人類学者アイクシュテット（E. Eickstedt, 1934-）は、きわめて適切にも「人間

郵便はがき

料金受取人払

左京局
承認
1159

（差出有効期限
平成19年
2月14日まで）

606-8790

（受取人）

京都市左京区吉田河原町15-9　京大会館内

京都大学学術出版会
読者カード係 行

▶ご購入申込書

| 書　名 | 定　価 | 冊　数 |
|---|---|---|
| | | 冊 |
| | | 冊 |

1．下記書店での受け取りを希望する。

都道　　　市区　店
府県　　　町　　名

2．直接裏面住所へ届けて下さい。

お支払い方法：郵便振替／代引　　公費書類（　　　）通　宛名：

送料　税込ご注文合計額3千円未満：200円／3千円以上6千円未満：300円／6千円以上1万円未満：400円／1万円以上：無料
代引の場合は金額にかかわらず一律210円


京都大学学術出版会
TEL 075-761-6182　学内内線2589 / FAX 075-761-6190または7193
URL http://www.kyoto-up.gr.jp/　E-MAIL sales@kyoto-up.gr.jp

お手数ですがお買い上げいただいた本のタイトルをお書き下さい。

（書 名）

■本書についてのご感想・ご質問、その他ご意見など、ご自由にお書き下さい。

■お名前

（　　歳）

■ご住所

〒

■ご職業

■ご勤務先・学校名

■所属学会・研究団体

■E-MAIL

●ご購入の動機

A. 店頭で現物をみて　B. 新聞・雑誌広告（紙誌名　　）

C. メルマガ・ML（　　）

D. 小会図書目録　E. 小会からの新刊案内（DM）

F. 書評（　　）

G. 人にすすめられた　H. テキスト　I. その他

●日常的に参考にされている専門書（含 欧文書）の情報媒体は何ですか。

●ご購入書店名

都道府県　市区町　店名

※ご購読ありがとうございます。このカードは小会の図書およびブックフェア等催事ご案内のお届けのほか、広告・編集上の資料とさせていただきます。お手数ですがご記入の上、切手を貼らずにご投函下さい。

各種案内の受け取りを希望されない方は右に○印をおつけ下さい。　案内不要

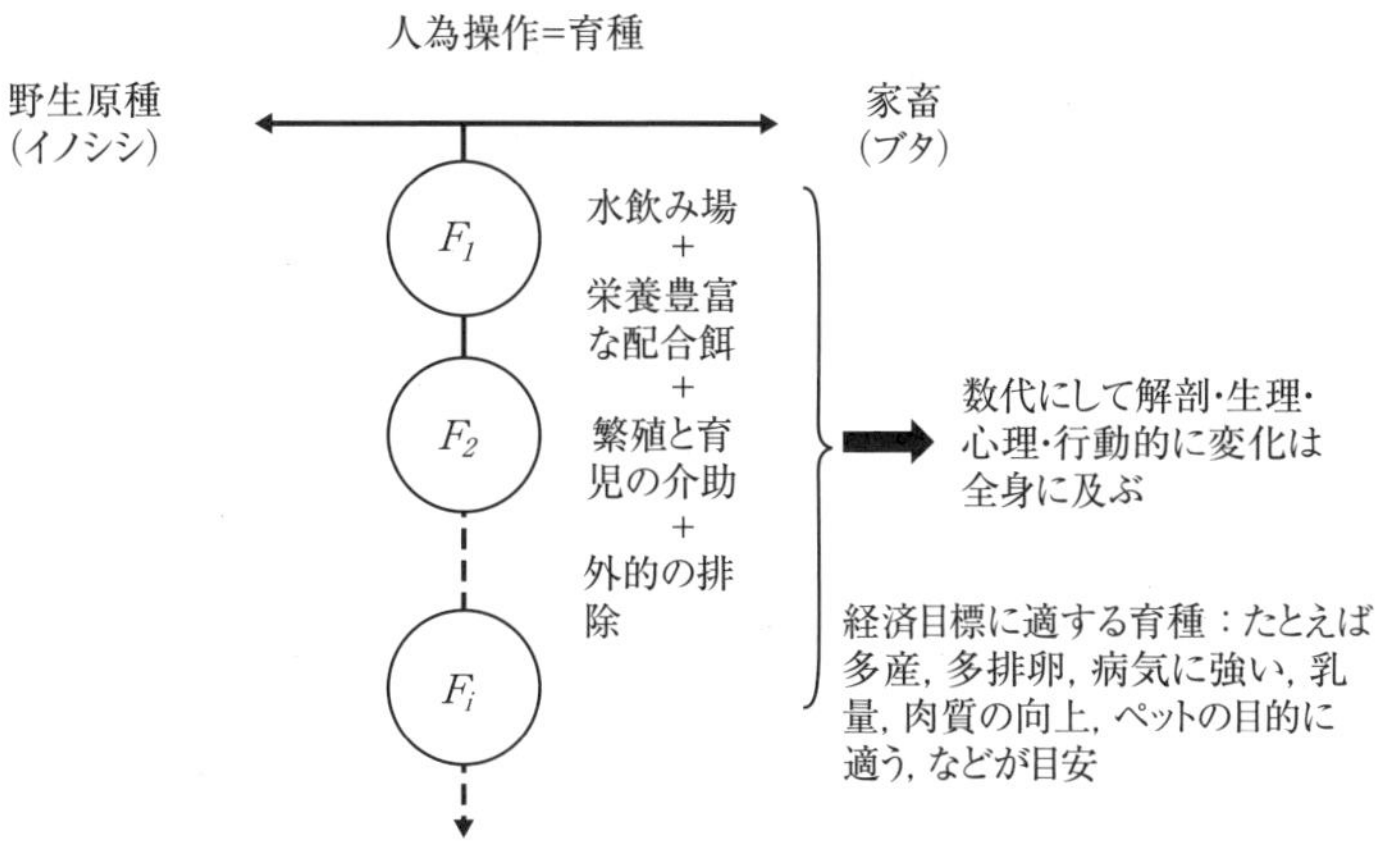


図 3-2　自己家畜化現象．イヌとネコほどに姿・形が変わっても新しい種になったわけではない．かけ合わせると $F_1 \rightarrow F_2 \cdots F_i$ とコドモができ，繁殖の隔離はない．

が文化を創り出したというよりも、文化が人間を創り出した」、つまり文化が人間をして人間たらしめたのだといった（Ⅲの1.4参照）。わかりやすくいえば、文化の働きかけがなければ、猿人はいまも猿人の姿形のままに留まっただろうというわけだ。

## 5.1　イノシシがブタに

では、実際に文化がどれほど人間に影響を与えただろうか。それを理解するよい実例として、「家畜」がある。家畜にはかならずその元になった野生原種の生き物がいる。それが人工的環境条件下つまり文化的条件下で生活を操作され育種されることによって、家畜になったのだ。その結果、両者の間では外観上はもとより目に見えない習性や行動にも、まるでイヌとネコほどの違いを生ずる。けれども野生原種とその派生種である家畜とは、見てくれがいかにかけ離れていようとも、生物学的には両者とも同じ仲間であって（つまり種は同じであって）、その証拠に掛け合わせれば子どももできるし孫も生まれる。繁殖上の障壁はまったく存在しない（図3-2）。

この事実を、イノシシとブタについてもう少し突っ込んで考えてみよう。家畜のブタには、その元になった野生のイノシシがいる。ブタは暑さ寒さや雨露風雪にじかにさらされることなく、人間の手で造られた小屋のなかでぬくぬくと生活している。喉が渇けば水飲み場が備えてあり、空腹になると栄養を配慮した、苦労して咀嚼する必要もない配合餌が与えられる。必要に応じて遺伝的に望ましいオスまたはメスがあてがわれ、子どもが産まれると人間が介助して育てられる。危険な外敵が近づくと人間が追っ払ってくれる。こうしてブタはたらふく食べ、安穏に毎日を送ることができる。

一方、野生のイノシシは雪が降っても雨が降っても、生きていくためにこれらの一つひとつを命がけでこなし、一日の九〇パーセント以上をそのために費やす。それが野生に生きる基本的条件なのだ。

驚いたことに、このような生活条件の違いが、わずか数代続くだけで野生のイノシシは家畜のブタになる。

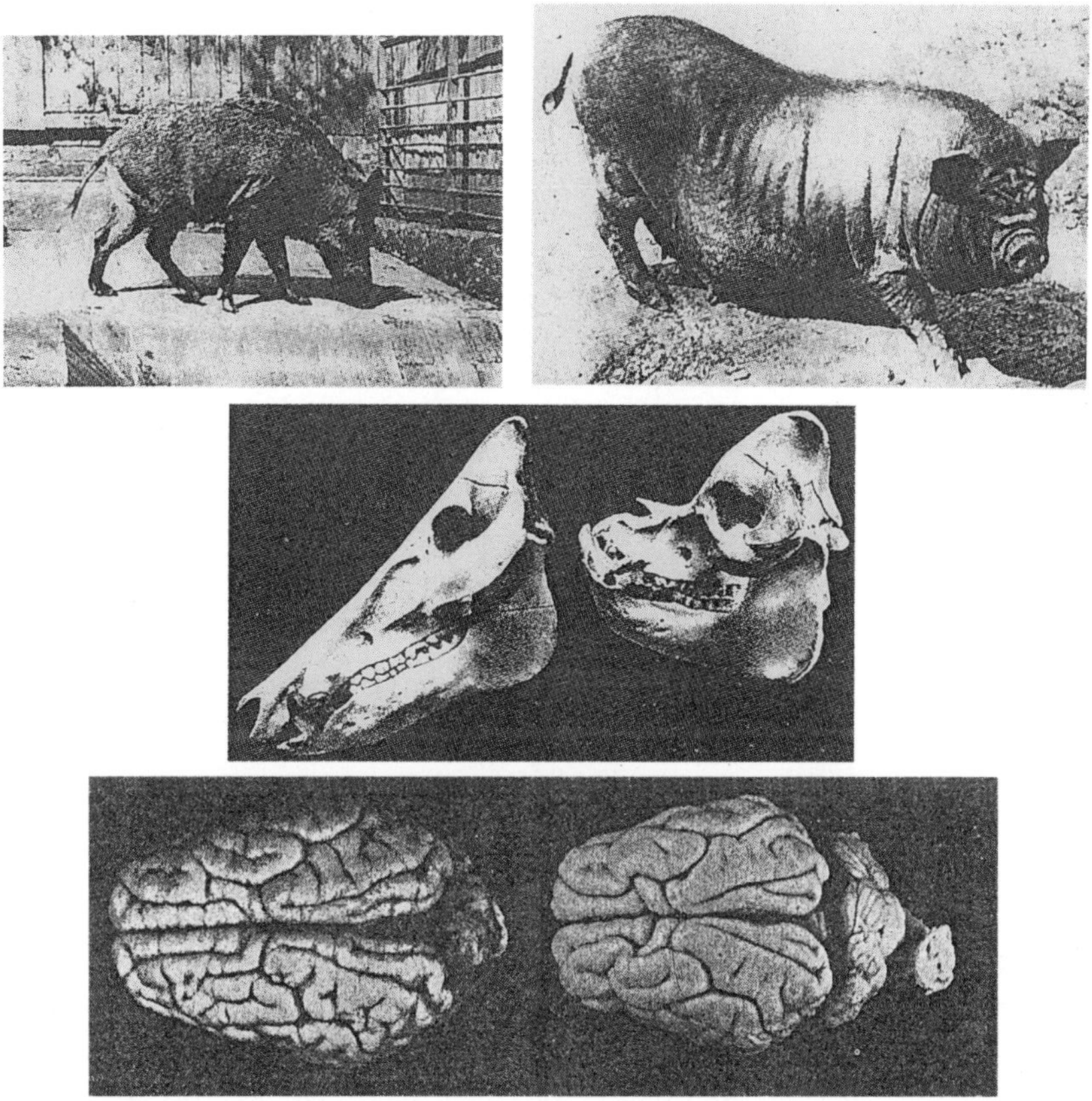

図 3-3　家畜化．上段はブタ（右）と野生イノシシの外観．中段はブタ（右）とイノシシの頭骨．ブタの歯並びはイノシシに較べて退化している．下段は脳の比較．左のイノシシの脳の溝が多く深いのに対して，ブタの脳の溝は浅く全体として脳はのっぺりとしている．（Herre & Roehrs 1971 より一部改変）

咀嚼器や消化器は退化し、脳は低質化し、心理的・行動的に攻撃性や警戒心は鈍磨し、神経質なところだけが残る。文字通り頭から足先まで、解剖・生理・心理・行動にわたってすっかり変化してしまう。

このような変化を「家畜化（domestication）」とよんでいる。とすると、人間の場合も同じではないだろうか。豊かな生活とか、安全な生活とか、快適な生活といっても、つまるところは文化的といえば聞こえがよいが、人工的生活条件下で生活していることに変わりがない。このようなことから人間の解剖的・生理的特徴には、家畜と共通するものが多い。たとえば身長の大小や皮膚の色、目の色（虹彩色）、毛髪色などには大きい変異が見られる。これらの特徴を「人種特徴」というわけだが、人種特徴の変異が大きいこと自体、野生種的ではなく、家畜種になってはじめて顕著に見られる特徴だ。

家畜の場合には多産にするとか、乳量や産卵数を増やすとか、病気に強くするとか、さまざまな経済目標が立てられ、それに沿って育種されている。ところが人間の場合は、明確な目標はなく、ただ快適で豊かな生活を、というだけだ。こうして蒙った変化を「自己家畜化（self-domestication）」という。

平均的な都会の団地生活の例を見てみよう。そこに住む都会人は舗装された夜道を帰り、コンクリートの階段を登り、鉄製の扉を開ける。電灯のスイッチ一つで夜が昼に変わる。冷蔵庫を開ければなにがしかの人の手が加わった人工的な食品がつまっている。蛇口をひねれば水が得られ、操作一つで火が得られる。このようにして快適性と無駄の排除を追及した究極は、ついには純人工的な宇宙船のような空間になるのだろうか。そして人間はそのような環境に、生理的・心理的にどこまで耐えられるのだろうか。

アメニティ空間といえば聞こえがよいが、つまるところ人工的環境であることに変わりはなく、ちょっとその舞台裏を覗くと、家畜的環境条件に取り囲まれた人間の姿が浮かび上がってくるではないか。こうして人間は知らず知らずのうちに心身ともに影響を受け、変化しつつあるのだ。

ひょっとすると、大都会に多い出勤・登校拒否症や自律神経失調症、心身症やノイローゼや鬱病などの精神性疾患なども、このような環境との不適合と無関係ではないと思うのだが……。

人間は他の動物たちと異なり、生活技術や文化を発達させ、自然を切り拓き、改良し、有害な動物や植物を駆除し、暑さ寒さもコントロールして自分が住む生活環境をみずからの手で創り出してきた。その結果、人間の身体はただ身長が伸びたとか体重がいちじるしく増えたといった変化だけでなく、家畜化の現象で見たように、解剖・生理・心理・行動などのすべてにわたって心身ともに質的に変わってしまった。

だからアイクシュテットは、いささか皮肉を混じえて「人類が胸を張って文化を創り出したといっているが、実は文化が人間を創り出してきたのだ」といったのだ。まことにそのとおりで、もし人類が文化を持たなければ、私たちは今も毛むくじゃらな猿人の姿のままで、衣類も身につけず裸足で山野を走り回っていることだろう。

このような視座から人類を見ると、身体的・解剖的・生理的・心理的に無目標な文化条件のなかで生活している危うい現代人の姿が見えてくる。

## 5.2 「家畜化」でどこまで人間を説明できるか

一九六四年の冬学期にドイツのキール大学で、自然人類学の主講義を担当していた頃のこと。キールの冬は、朝午前一〇時半頃に夜が明け始め、午後三時頃にはもう夜の帳《とばり》が降り始める。ドイツでの生活習慣では昼休みをたっぷりとるので、午後は電灯の下での講義になる。だからその生活に慣れるまでは、まるで大学全体が夜学のような印象を受けたものだ。その分だけ、短い夏は白夜に近い。

人類学教室は建物の五階にあり、その北隣の地上はかなり広い家畜学教室の放飼実験場だった。その広い実験場にオオカミやコヨーテ、テリアやチンなどからコリーやシェパードまで、五〇種類ばかりのイヌが飼育されていた。野生のオオカミやコヨーテが、どのようにして家畜のイヌになってきたか（家畜化）、その特徴はどこに現れるか、イヌどうしの系統や遺伝関係はどうなっているか、ということなどが研究されていた。

筆者の講義も終わり頃になると、まるで時計でも見ていたかのように、それらのイヌのうちの一頭が遠吠えを始める。すると、他のイヌたちもつられていっせいに遠吠えする。まさに「一犬虚に吠えて、万犬実に吠える」だ。

そのイヌの遠吠えには、まるで故郷への郷愁か家族への焦がれか、もの悲しく切々と郷愁をそそる響きがこもっているので、それでなくとも早く帰国したい気持ちを一層かき立てられたものだった。

その研究担当者のヘレ教授（図3-4）は、家畜学とくに家畜化の分野では権威者で、その高名のほどは日本にいるときから聞き知っていた。よい機会でもあるので、あらかじめ面会のアポイントをとっておいて、お会いできることになった。彼はその笑顔が象徴しているように、会っていると静かな湖面を見るような、穏やかな人物だった。

図3-4　ヘレ教授

そのときの議論は、家畜学と人類学の双方にとって、きわめて重要なすれ違いのポイントを含んでいるので、ここで紹介しておきたい。

彼によると、「よくあることだが、専門の違う分野どうしで学問用語や術語や概念をみだりに転用するのは、たいへん危険だ。たとえば家畜学分野の概念である家畜化を、分野の違う人類学に安易に転用するのはとくに危険だ」という。その具体的な実例として、

①家畜学では、野生原種とその派生種である家畜が、イノシシとブタの例で見たように、イヌとネコほどの違いを示したとしても、種が変化（種分化）したわけではない。だから、両者の間では互いに混血もできるのだ。であるなら、人類学でアウストラロピテクスからホモ・ハビリス、ホモ・エレクトゥス、ホモ・サピエンスへと種を変化（進化）させてきた現象を、家畜化の概念で説明するのは矛盾していないか。

②多くの家畜化の例が示すように、家畜化は人間の経済目標から創り出された一種の不自然な生物で、いわば野生の自然な生物から見れば病的でいびつな動物だ。だから生物にとってもっとも大切な脳中枢神経系は低質化し、消化器系はがたがた、心理的・行動的にも大きく変化を蒙っている。家畜化でこのような深刻な病的現象が見られるかぎり、人類進化には適用しがたいのではないか。

と指摘した。

筆者も日頃、学生たちにはある分野の専門用語を、みだりに他の分野に転用することは、カテゴリー・エラーをおかす危険性があるので、注意を喚起してきた。たしかに「家畜化」は人工的環境が人間に及ぼす負の影響を知るよすがにはなる。だがそれゆえに、①や②のように、人類進化の説明原理にはなりにくいのではないか、とヘレ教授は強調する。

たしかに彼の人類学への指摘は貴重だが、筆者は以下のように反論を試みた。

①については、現代生物学と古生物学とでは、時間の観念が大きく異なる。家畜学は現代生物学のなかの時間で考え、人類学は古生物学や地質学的時間も含めて、そのなかで考える。だから、とくにヘレ教授がいうような矛盾は感じない。

②については、家畜学で扱う家畜化は、ほとんどが人為的に単純化された環境条件下で飼育されることから生じている。けれども人類の場合は人為的（文化的）環境ではあるが、その中身は文化や技術による、時代とともにますます複雑化していく環境であって、家畜学でいう家畜化とはまるで逆である。しかしいずれの場合でも、生物と環世界とは一体化して理解すべきで、その場合、家畜化が示唆する文化的影響は人類学にとっても、きわめて大きいものがある。

だから、先史学や考古学の発見が増えるにつれ、人類の進化速度と文化の発達度が偶然とはいえないほど見事に並行している事実を見ても、これらの事情はよく理解できるのではなかろうか。

# IV

# 人間の深層を探る

# 流れ星

江原　律

そのエネルギーを
使い果たして
消えていく
遠い流れ星
わたしたちはみんな
星の破片だ

# 1　未完成児を生む人類

## 1.1　通過した卵生

生物が長期に生存戦略上優位性を保つためには、まず繁殖戦略を改造しなければならない。人類を含めた動物の進化の軌跡を眺めてみると、それがどのように行われてきたか、よく読み取ることができる。

無数に近い動物たちのなかで、背骨を持つグループを脊椎動物といい、魚類→両生類→爬虫類＋鳥類→哺乳類が含まれ、矢印順に段階的に向上進化してきたと考えられる（図4-1）。この図で繁殖戦力の向上進化を見ると、魚類から爬虫類（一部胎生があるが、胎盤はなく、産み落とすまで卵管に留まっているだけ）や鳥類までは卵生だが、哺乳類では胎生が主流になる。

卵生のなかでも魚類から両生類までは卵は水中に産み落とされるが、おびただしく産卵する魚類などでは無事に成魚になるのは一〇パーセントにも満たない。だから犠牲を覚悟の上で多数の産卵することが必要なのだ。だが両生類になるとそのような無駄を避けるべく産卵数を減らし、その代わり親はさまざまな工夫で受精卵を保護する。

爬虫類以上になると、はじめて卵は陸上で産み落とされる。個々の卵の完成度は高く、内容物はそれぞれが固い卵殻や卵白で保護され、胚が孵化するまでに必要な栄養分は卵黄として、どの卵にも公平に付与され蓄えられている。その有様は、産卵時にすでに公平に親から子へ遺産分配されたかのようだという人もあるほどだ。しかし鳥類は別として、爬虫類ではその産卵場がどんなに苛酷で危険な状態であっても、孵化してからは子ど

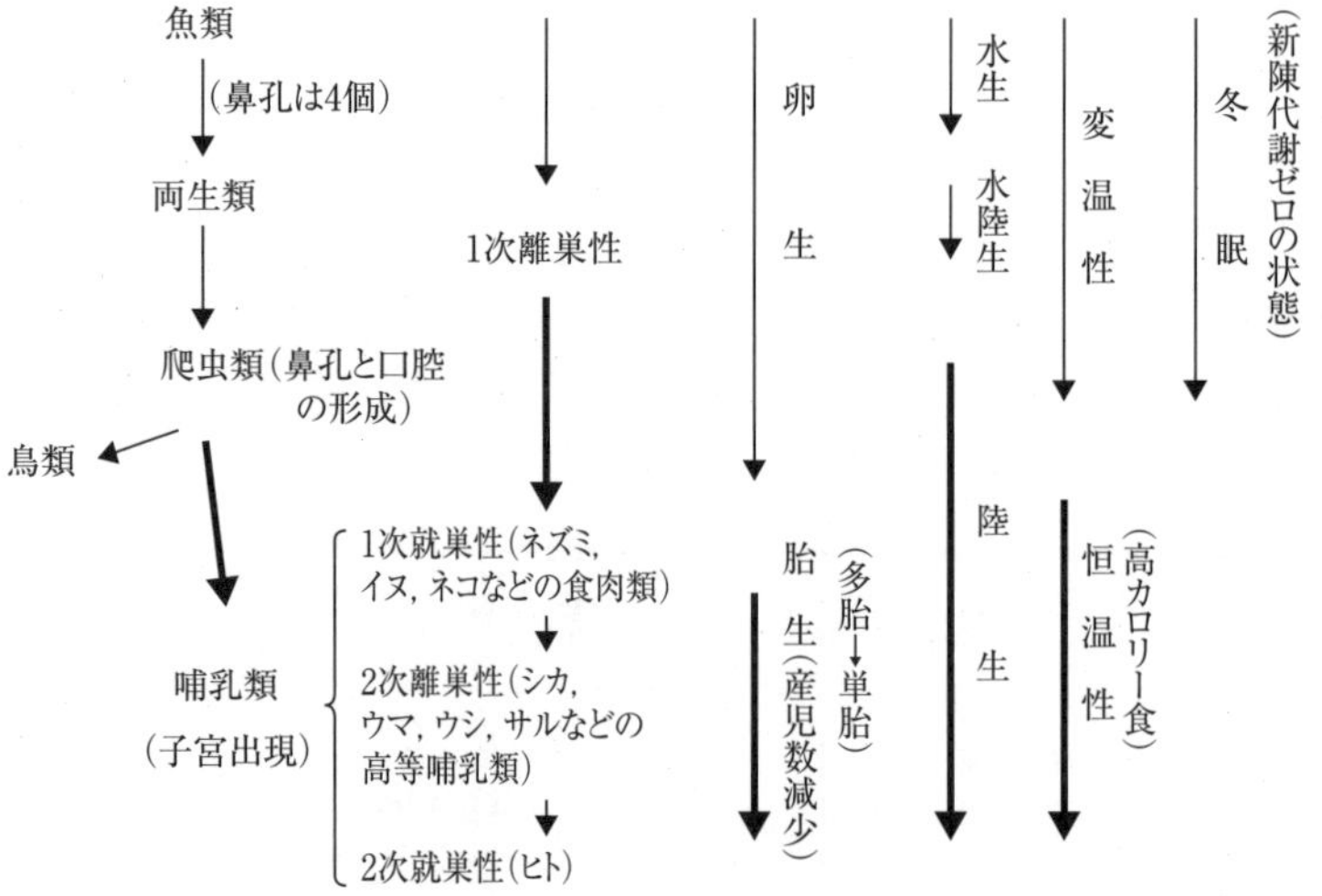


図 4-1　脊椎動物の進化

もはそこから自力で生きていかなければない。産卵数は数個から多いもので約一〇〇個。子どもは孵化後すでに自力で行動できるくらいに育っている。この状態を巣離れ状態もしくは（一次的）離巣状態ともいう。たとえば、ウミガメの子どもは孵化後は途中に進路を妨げる浮木や穴があったり、危険な鳥の襲撃があったりしても、必死になって波打ち際まで這い続けなければならない。

## 1.2 胎生

### 1.2.1 一次的就巣状態（nesthockend：ネズミ、イヌ、ネコなどの食肉類）

このように見てくると、どう工夫しても卵生では処理しきれない大きな欠陥が残る。いっそのこと月満つるまで母体内で育てるに越したことはない。その場所が「子宮」なのだ。子宮は胎児にとっては文字通り「子どもの宮殿」そのもの。そこでは外敵襲来の心配もなく、暑さ寒さの心配もない。栄養は母体から必要なだけ直接摂取することができる。やがて月満ちて生まれ落ちても、そこで母子の関係が絶たれるわけではない。母体は生まれくる子どものために母乳の準備をはじめ、心理的に子どもを育て保護するための母性愛を強化させる。まさに至れり尽くせりだ。こうして子どもを哺乳・保育することから哺乳類と名づけられたのだ。だが子どもは複数が普通で（多胎）、生まれ落ちた子どもはみずから餌を求め行動するほどには育っていない。多くの場合、体毛もまだ生えておらず、まだ目も閉じたままだ。みずから行動することなど思いもよらず、同時に産まれた子どもたちは一塊になって蠢いていて親のケアを期待するだけ。ずいぶん手間がかかるようになったものだ。このような状態を、巣ごもり状態もしくは（一次的）就巣状態と名づける。

### 1.2.2 二次的離巣状態（nestfliehend：シカ、ウマ、ウシなどの有蹄類やサル類）

思えば哺乳類の子どもはずいぶん手間がかかるようになったものだ。そこで、たとえ産児数を減らしてでも、完成度の高い子どもを生む方が有利だということで、その道を選ぶべく向上進化した。これがサル類を含む高等哺乳類だ。周知のようにシカやウマなどは、生まれ落ちるとすぐ自力で立ち上がり、母親の後について歩くほどに完成した。サルたちは樹上適応型なので産児数も一仔性になり、生まれるとすぐ母親の背中や腹に自力でしがみつき、樹上や地上を問わずいつでも母親とともに移動をともにする。このような出産状態を、爬虫類の離巣状態を一次的とすると、高等哺乳類の場合は二次的離巣状態ということになる。このような繁殖戦略、つまり交尾行動や出産や子育てが、それぞれの動物たちやサルたちの生態や社会構造と密接に連動して進化してきたことはいうまでもない。同じ離巣状態でも、両者の間には大きな開きがあることがわかるだろう。

### 1.2.3　二次的就巣状態

霊長類の一員である人類はどうか。奇妙なことに、まるで進化を逆戻りでもしたかのように、サルたちのなかで人類だけがふたたび就巣状態で生まれてくる。移動も採食も自力では何一つできず、手足をバタバタさせながら、ただ泣き叫ぶことによってだけ意思を表示する。どうしてこのようなことになったのだろうか。その理由は生物界では異例な脳の発達と、直立二足歩行という絶妙なバランスを要求される難度の高い運動様式を獲得したことと無関係ではない。

この二大特徴は、わずか四~五〇〇万年くらいのあいだに急速に獲得されたものである。その出発点の土台になったものは、ゴリラやチンパンジーと共有していたことはほぼまちがいがない。だとすると、一〇ヶ月という妊娠期間はそのままで、人類だけが脳の大化と直立二足歩行という過大な成長シナリオを課せられたことになるだろう。つまり、その制約された妊娠期間では、この二つの課題を十分に果たすことができず、結果として未熟のまま産み落とす羽目になったということだ。だから人類の場合は、生まれてからの一〇ヶ月ほどは、胎児の成長パターンをそのまま引きずっており、ほぼ一〇ヶ月経過してようやくゴリラやチンパンジー並みの離巣状態に達する。そのようなことから、スイスの生物学者ポルトマン（Portmann, A., 1897–1982）は、この期間を胎外胎児と呼んだ。人間では生まれたての赤ん坊は、まだ胎児なのだ。

人間の赤ん坊を育てるのに手がかかるのには、このような背景があった。しかし深刻なのはそれだけではない。このことが人間の心理の深層に思いがけないほどの深刻な影を落とすことになった。人類が人類に、人間が人間になるべく、避けられないことだったとはいえ、現代人にとっても深刻な自己矛盾の原因となり、重荷になったのだ。

## 2 神と悪魔の弁証法

初期の人類が所有していた諸特徴は、そのゆえに人類になることができ、また人類であり得た特徴だった。不利な特徴の多くは淘汰されていたはずだ。ところがその後、人類は著しい加速的進化を遂げてサピエンスになった。その際、かつては生存戦力上不可欠だったはずの特徴が、進化とともに次第に重荷になり、今ではすっかり困ったものになり果てた。その結果、現代人を悩ませているものも数多くある。人類になるために必要であった特徴が、今では人類を苦しめる枷《かせ》になって、現代人を悩ませているというわけで、いうなれば人類であるがための宿命的な自己矛盾を抱え込んだということになる。進化は必ずしも生物にとって都合がよく、恩恵を受けることばかりではないのだ。そのようなことから、人間は一方では神を求め、他方では悪魔への道をひた走る弁証法的な存在になったともいえよう。その具体例の一端をいくつか考察しておこう。

## 2.1 未完成児出産が深層心理に深刻な影響

やむをえないこととはいえ、人類になるのに未完成状態で生まれてこなければならなかった結果として、その条件は、人間の深層心理に甚大な影響を刻み込んだ。人間であるがために、人間としてもっとも不備な特徴を宿命的に抱え込んだ最大の自己矛盾といえよう。

人間の赤ん坊が未熟状態で産まれ、自力で生きるべく何一つできないということは、他者や集団に対して依存性や帰属性が一〇〇パーセントの状態で生まれてきたことを意味する。依存・帰属を拒否することは死を意味する。やがて身体的・心理的成長とともに自我も成長し、自己が次第に明確になる。そして三〜五歳頃に第一反抗期として、周囲に対する最初の自己主張の爆発を起こす。さらに成長が進むと、思春期頃に第二次反抗期が出現する。これらを経過してほぼ一人前のパーソナリティが形成される。

この精神の成長軌跡をいささか比喩的に一本の物差しにたとえて述べてみよう。正常な成人では、もはや出産直後のような、他者に対して一〇〇パーセント依存・帰属する人はいないだろう。自己喪失状態を意味するからだ。かといってその対極として一〇〇パーセント自己主張ばかりする成人もいまい。社会性がゼロゆえ、集団生活はできないからだ。つまり、正常に成長した人は、この両極の間のどこかに位置していることになる。だから人間はだれでも、その物差しのどの目盛りに位置しているかによって、相反する両方の性質を人それぞれの割合であわせ持っていて、それがその人の基本的な性質を決定している。そして依存性の極に近い人ほど協調性や従順性が高く、自己主張の極に近い人ほど頑固で融通性も少ない。このようにしてヒトは一生を通じてまるで通過儀礼のように、自我の発達とともに三〜四歳頃に周囲に対して否定的・反抗的になり（第一反抗期）、思春期頃にふたたび周囲に対して爆発的に反抗するというわけだ（第二反抗期）。

仲良しグループや派閥、熱烈なファン心理、愛郷心や愛国心、民族精神などを見ると、いずれも内に集団帰属性が働き、仲間意識の強化に役立っており、その分だけ外に対しては排他性を示す。このような傾向が小はイジメから大は同族心や民族心の強化に役立ち、生存競争のきびしい旧石器時代でも、団結心として生存戦略上大きな役割を果たしてきたことは想像に難くない。

一九八九年に象徴的なベルリンの壁が崩れ、東西の冷戦構造も崩壊して、ようやく平和な時代がやってくるかと安堵した人々も多かったことだろう。ところが、むしろ世界はもっと深刻な状況になった。地域紛争が世界各地で噴出し、対応をまちがえればふたたび世界戦争にもなりかねないほどの深刻な現状が炙り出されてきた。それまで人為的、戦略的、政治的に押さえ込まれていた人類出現以来のマグマが、その奥深いところで、沈静するどころか、ずっと燃え続けていたのだ。

平和と人間の精神の救済を目的とするはずの宗教までもが、自分たちは正統なグループであり、他は異端もしくは異教の徒だとして排斥する矛盾が、これまで幾度となくくり返されてきた。古くは数度の十字軍遠征があり、今もまだユダヤ教やキリスト教やイスラム教の教徒間の戦火が絶えない。

これらの問題は通常の外交や政治や理性の論理では解決は困難で、もし可能だとすれば、もう一段上のメタ秩序系のレベルで解決策を模索すべきだろう。でなければ、歴史的現象を生物学で、あるいは芸術の精神を法学や経済学のような社会科学の論理で解釈するような、大きなカテゴリー・エラーをおかすことになり、あるいは煩瑣で無用なスコラ的論理の縺れに陥るのが関の山だろう。

## 2.2 「長いものには巻かれろ」

以上の話のなかで、人それぞれが先ほどの精神成長の比喩的な物差しの両極の間のどこかに位置していて、それがその人の基本的な性格を決定していることはわかった。だが、その位置は固定されているわけではない。協調性や従順性が高いおとなしい人でも、状況によっては目盛りが反対方向に大きくぶれて、梃子でも動かないほど頑なになることがある。かと思うと、口を利くのも嫌になるほど頑固で自己中心的な人間が、場合によっては借りた猫のように聞き分けがよく従順になることがある。つまり、その位置が絶対的に決まっているのではなくて、状況によって変動しやすいことを示している。

煽動者が壇上で声を張り上げる。間を取り、あるいは声に抑揚をつけて演説するうちに、老若男女を問わず、職業や教育レベルが違っても、聴衆はしだいに演説に引き込まれ、ついには一語一語に頷くようになる。その分だけ聴衆の分別は眠る。集団的催眠状態に陥ってしまう。個人の精神は集団に帰属して一丸となり、「軍旗はためけば、分別はラッパのなか」になってしまう。そして号令があれば「火のなか、水のなか」になる。まさに狂信状態だ。出陣間際の指揮官の熱血ほとばしる演説に、兵士たちは点火された花火のように、打ち上げられ、空中で炸裂し、闇に消えていく。

フロイト左派の社会心理学者フロム（Fromm, Erich, 1900–1980）を一躍有名にした『自由からの逃走』という本によると、大衆の無意識的な精神構造は、自由と自立を与えられると、逆にその重荷に耐えかね、不安になって、権威への服従や画一性への同調をみずから進んで求めるようになるという。第二次世界大戦中に、あれだけ権威に歯向かい自由に憧憬したのに、である。このような深層心理は、人類が人類になったときから植えつけられた宿命的な自己矛盾だということがよく理解できる。

この辺の事情をもっと端的に示すエール大学の心理学者ミルグラム（Milgram, S. 1966）が行った実験は有名である。ごく簡単に実験の説明をしておこう。白衣をまとった見るからにいかめしい実験者（権威を象徴）が、心理テストの補助に応募してきた一般市民に対して、

「これから皆さんの目の前に座っている男にある問題を解かせるが、彼がまちがいをするたびにスイッチを押して順に電圧を上げていき、電気ショックでその男を罰して欲しい」

と、おごそかに命じた。市民の目の前には五ボルトおきに電源スイッチが並んでおり、この電気ショックがあるレベル以上になると危険で、男はショック死するかもしれないとあらかじめ注意されていた。それにもかかわらず、六〇パーセントの「善良なる」市民は致死以上の電気ショックを与えたのである。クリティカルなスイッチに達したとき、市民たちは一瞬戸惑って、実験者の方を見た。実験者はたじろぐこともなく「これは真理解明のための重要な実験だ。最初の約束どおり実験を続行する」という。その結果六〇パーセントの善良なる市民はもはやためらうこともなく、男に対して致死レベル以上の電気ショックを与えたのである。

ただし、実際にはいくらスイッチを押しても、男には電気ショックが届かないからくりが仕掛けてあったのだが、応募してきた市民たちは、このからくりを知るはずもない。

この実験では、命令者（権威）とそれに服する者（実験協力者）との関係がよく示されている。この実験結果は、人間の本性が残忍であるということを示しているのではない。そうではなくて、科学や学問のためとか真理探究のため、あるいは正義とか義務とか忠誠とかの旗印（理由づけ）があると、人間はだれでもごく簡単に個人的な判断や分別を放棄して、残忍な行動をもとりうることを示しているのだ。

中世の魔女裁判などもこの例に含まれるが、煽動者や予言者や政治家たちが、歴史上どれほどうまく善良な一般市民をリードしてきたか。それらはすべて、人間が権威に弱く、催眠されやすい本性が利用されたのだ。しかし救いもある。同じ実験でミルグラムは、

「男が問題をまちがえたとき、どのスイッチを押してもよい」

と命じた。すると、ほとんどの市民は、電気ショックができるだけ軽くてすむようにと、低い電圧スイッチを押したというのである。

## 3 深層の世界

夢を見たことがある人なら、だれでも経験したはずだが、とっくに亡くなったはずの人が目の前に現れて話しかけてくる。あるいは遠い子どもだった頃のことが、現実味を帯びて身の周りに起きたりする。その時の幼友だちが、今の人間関係のなかにも登場する。だがその夢のなかでは何の疑念も違和感もない。時間を超越してしまっているのだ。あるいはまた、今ここにいた自分がいつの間にか舞台が変わって、遠く隔たった別の土地にいる。ここでは空間的な制約もないのだ。

無意識の世界でも、これと似たことが起きている。最初は無意識レベルの情報群は、まるで万華鏡の像を見ているように意味がない。時間や空間の制約も、できごとの因果関係や歴史性も存在しない。それはちょうど生まれたての赤ん坊と同じで、自と他、自分と自分を取り巻く周囲の状況との区別すらない。

この状況を物理化学者ポランニー（Polanyi, M. 1892–1976、ハンガリー生まれで後にイギリスで活躍。暗黙知の哲学を構築）は次のように説明する。人間はごく幼い時期に、このように万華鏡のようにしか見えない身の周りの世界つまり情報群を、体験的・経験的に身につけた心理的セット（時空意識、できごとの因果関係や時系列の解釈など）をフィルターにして、不要な情報は切り捨てたり無視したりしながら組み立てることを学習する。このプロセスをバーフィールド（Barfield, O.）は「形づけ」とよんだ。その際よくあることだが、枯れ尾花を見てまちがえた形づけすると、それが幽霊に見えることだってあるというわけだ（「幽霊の正体見たり　枯れ尾花」）。選択的に無視された情報は「見るものも見えず、聞こえるものも聞こえず」ということになる。

このようにして幼児は、感じたり見たり聞いたりしたものをもとに、自分なりに自分の日常世界を構成していく。これが精神的成長とよばれるもので、このようにして人間は人間になっていく。また、このようにして人それぞれの観念つまり信念が強化され、その信念が同じプロセスで自分流の日常世界を拡大していく。それ故人間は生きているかぎり、「成る」ことを避けるわけにはいかず、かつてベルクソンも言ったように人間は人間にならざるをえないのだ。

このようにして形成される世界を、私たちはリアリティ（現実）とよんでいる。だから、その世界とかリアリティは、人間がいてもいなくても存在するような客観的実在ではなくて、人間がいることによってはじめて存在する。人間がいなければ、その人間のリアリティや世界は存在しない（図4-2）。

このような精神の深層構造や無意識の世界は、フロイトやユンクによって発見されたことになっている。しかしインド大乗仏教の唯識派では瑜伽《ゆが》行を実践して、心の奥底に横たわる清浄な真理（つまり如来）に触れようとする。この思想はすでに紀元三〜四世紀に弥勒に始まり、無着・世親により体系化され、その経典が七世紀前半に、西遊記で有名な玄奘により唐に持ち帰り漢訳された。この唯識思想は唐に留学した仏僧たちにより日

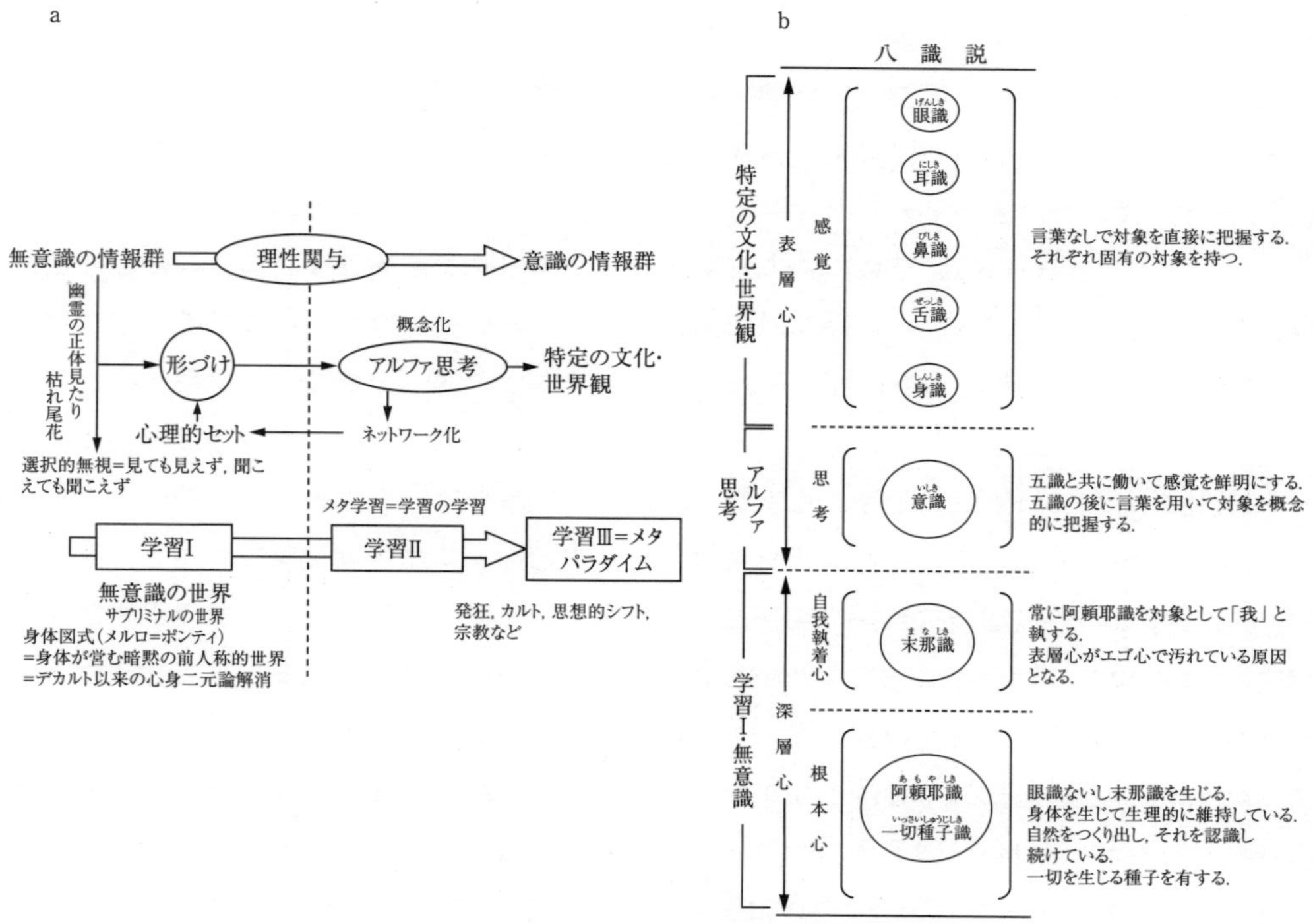


図 4-2　無意識の世界から意識の世界へ
a は現代の諸学説を参照して作製した図．
b は唯識論に基づく図（横山 2003 を改変）．唯識派は 4〜5 世紀頃，インドで無着・世親兄弟により組織的にまとめられ，西遊記で有名な玄奘はその唯識思想を長安に持ち帰り（645 年），それに基づいて法相宗という宗派を興す．両者を比較するとき，唯識論の先進性に驚く．

本にも伝えられた。

「我惟う、故に我あり」で有名なデカルト(1596-1650)も、あらゆる疑わしき存在を切り捨てていき、最後にどうしても疑い得ない、思惟しつつある我が残った。このようにして彼は、精神をぎりぎりまで突き詰めたわけだが、そのようにして得られた霊魂こそは普遍的で永遠に不滅であり、唯一の実体的存在だと考えた。

だが唯識派では、「もはや疑い得ない精神」の存在すらも、実体として認めようとせず、「識る」という作用があるだけだ。唯識派では「識る」は必ず認識対象をもっており、認識対象がなければ「識る」もなくなる。つまり、「識る」は実体ではなく作用であって、永遠不変でも普遍的でもないというのだ(空の思想)。その唯識派の認識はデカルト、したがって近代ヨーロッパ哲学を超えているともいえよう。

唯識思想の深さに、今更ながら感じ入る次第だ。

# 4 「人間解明」の論理とその考え方の癖

## 4.1 カテゴリー・エラー

ここで「人間」を考える際に気をつけなければならない点を若干指摘しておこう。うっかりしていると、気づかずにいることが多いからだ。

考え方や論理には適用に際して往々にしてレベルの違いがあり、それらを混同させてはならない。大切なことは、下位の世界で通用する法則や論理がそのまま、上位の世界の現象をすべて説明しきれるわけではないということだ。物質レベルの物理・化学的法則で、生物レベルの現象をすべて説明できるとはいえないのだ。生命の分子レベルでのメカニズムや呼吸や消化のメカニズムなどは、ある程度は物理・化学的説明ができるかもしれない。しかし、それで生命現象のすべてが解明できるわけではない。あえて行おうとすれば、理論的にカテゴリー・エラーをおかすことになる。

たとえば明治維新という歴史的・文化的現象を物理・化学の法則や生物学の法則で説明を試みたり、ダ・ヴィンチのモナリザの名画の制作動機を、生物学的・医学的に説明するようなものだ。とすれば、もし自然科学や現代医学（デカルト・ニュートン的機械論が基調になっている）が、文化的なできごとを説明しようとするときにも、同じカテゴリー・エラーをおかす危険があることを、知っておかねばならない。たとえば、現代医学が生物次元に足を据えたまま、人間の生や死を、その精神的・心理的・文化的現象にまで押し広げて発言しようとすると、同じような誤りをおかす危険性があるということだ。脳死や臓器移植や目先のメリットだけを考えた遺伝子操作や動物のクローン化などを議論する際にも、これらの問題にしっかり留意しておく必要があるだろう。

あるいはまた、昨今のグローバル化した国際紛争を見ても、政治・経済・社会的次元の問題ばかりでなく、民族的・宗教的価値観や思考法の違いなども濃淡さまざまに入り混じっていて、切り方如何ではその断面の模様はまるっきり違って見える。秩序系やカテゴリーのすれ違いを無視して、互いに次元の違った論理で議論したり結論を急いだりする際には、とくに要注意だ。

## 4.2 「つまるところは」式の論理の危険性

すでに述べたように、人間だけが物質、生命、文化、精神秩序系のすべてにわたって生存している。だから人間の場合には、生物学的に死んだからといって、かならずしも文化的・精神的に無に帰したわけではない。人間が生物として死んでも、親子兄弟の親族間・友人間はもとより、人類全体の間でも、その死後も文化的存在として生き続ける。

よく、生きとし生けるものはすべて、人間もネズミも同じだという表現がなされる。生命倫理の立場から、あるいは地球生態系のなかでの人間中心主義や人間の奢りと高ぶりを反省する意味でいうならば、それは正しい。

だがそれは、自然人類学的には正確な表現とはいえない。人間もネズミも生命という次元で論ずるならば、たしかにどちらも生き物ということでは同じであろう。けれども、ここには理論的に「悪しき還元主義」が見られる。人間もネズミも、いずれも生命を持った生き物だというレベルにまで引き下げて（つまり還元して）、そのレベルで議論しようという要素還元主義という論理的誤謬が見られる。いうまでもなく、人間の生や死は文化的次元の現象であって、一挙に生物レベルにまで還元するのは、論理的に危険な飛躍をしていることになる。

科学的な考え方や機械論では、よくこのような要素的還元主義に陥りやすい。表現としては、「つまるところは」と主張の論点を単純化して、結論を下すことが多い。人間の複雑な文化的行動も、究極的には脳細胞の働きから発信するということから、脳細胞のメカニズム解明こそが人間の行動解明のキーになるといった単純な考え方、人間の特徴がつまるところはＤＮＡにより決定されているのだから、人間の解明にはまずＤＮＡの研究が最優先する、ゲノム（遺伝子型）がわかれば人間の解剖・生理・心理その他の特徴も判明する、などといった考え方は、すべて「悪しき還元主義」の実例である。まるで恋のささやきや愛の行動なども、超顕微鏡的な遺伝子がどっちを向いて動くかで決まってくるのだといわんばかりだ。やや極端な例を挙げたが、これに近い思考法が現在でもよく見受けられるから、注意すべきであろう。

くり返すが、人間の生や死については、生物的なレベルでの生や死に留まることなく、生態的、社会的、文化的、精神的レベルでの生や死、さらにはそれらの進化史的深さまで射程に入れて考察することが大切であるということだ。まさに同じ死でも「虎は死して皮を残す」だけだが、「人は死して名を残す」のだ。

近年とくに医療技術の発達とともに、人工的な延命もかなり可能になり、死の定義にも変更が迫られるようになってきた。しかし、先に述べたような論点はすっかり無視され、往々にして生物レベルの死の論議にのみ終始しがちなのは、残念なことだ。

## 4.3　人間は毛のない裸のサルではない

ヒトもネズミも、いずれも生命があるという点では同じレベルにあるが、文化的・精神的にレベルが異なることはわかった。

だから、不当に人間をネズミやサルのレベルにまで引き下げて（還元して）議論しようとするのは危険だということもわかった。だが、このような還元主義も、すべてがまちがっているわけではなく、ヒトもネズミも生命体として同じレベルで論ずることも、場合によっては可能である。この点についても触れておかないと、不十分になるだろう。

スウェーデンの生物学者リンネは、人間を明確に動物界の一員として位置づけた。その認識は、まさに新しいパラダイムの到来だった。それまでは、人間は神ではなく動物でもなく、その中間に位置し、その意味では他の生き物とは明確に区別されていた。この風潮は、その下敷きに聖書の創世記があり、さらには多分に人間中心的な感情も働いていたからであろう。そのような流れのなかにあって、リンネは革命的といっても過言ではないが、人間をはっきりと動物分類表のなかに組み込み、動物界の一員にした。そして人間を動物としてみるかぎり、他の動物と同じように扱う必要があり、同様な基準と方法で二名法を用いて、ホモ・サピエンス *Homo sapiens* という学名を与えたのだった（一七五八）。

そしてその定義として、ソクラテスの座右の銘「汝自身を知れ」を引用して、他の動物と異なり、人間には理性があり、みずからを知る能力がある点を強調した。人間はサル類の一員ではあるが、それを超えた存在でもあるということだ。

## 4.4　哲学的な観察眼を持った解剖学者

ナポレオンの侍医をも勤めたイタリーのＰ・モスカーチ（P. Moscaci）は、刑場で人体の解剖を行い、その構造が基本的に四足歩行の動物と同じであることを知った。人間では直立二足歩行するようになったために、解剖学的な四つ足構造がそのままデフォルメしたにすぎないというのである（一七七〇）。

リンネとほぼ同時代のモスカーチは、刑場で実際に死体を解剖して、その直後に手を洗いながら、

「人間の身体は、基本構造としては四足動物として設計されている。(中略)それゆえ、人間は直立二足歩行により、その器官はさまざまな困難を背負い込んだ。心臓は歪んで横隔膜の上に乗っかり、狭心症の原因になっている。内臓は下半身を圧迫してヘルニアの原因になっている。血液は往々にして血管内で停留し、静脈瘤や痔を引き起こしやすい。子宮の位置は母子双方にとって不自然である」

ことがわかったという。この報告を聞いた哲学者カントは「哲学的な観察眼を持った解剖学者だ!」と絶賛した。

モスカーチのこの観察記録は、その後もずっと「詠み人知らず」のかたちで、整形外科学や解剖学や人類学などの教科書に頻繁に引用されてきた。私も、そのいきさつまでは知らずに引用していた。だがすでに一七七〇年に、モスカーチによってはじめて指摘されていたことを知り、私もカント以上に興奮したものだった。まだ進化論が世に出るはるかに前のことだった(この古典の検索は、滋賀医大解剖の前田敏博教授のご協力による)。

さすがにカントの慧眼もきわめて鋭い。比較解剖学が発達して、生物学者たちは外観の類似だけに惑わされないで、整然と分類された動物たちを謙虚に眺めると、彼が『判断力批判』(一七九〇)のなかで述懐しているように、

「お互いに近縁の動物たちの間で、このように似通っているということは、共通の一つの原型から生み出されたことを暗示しており、共通の祖先である母から生み出されたからこそ、各生物の間には近縁関係が存在するのだと推論せざるをえない」

という。これはまさに進化論の基礎になる系統発生学的な考察そのものだ。

## 4.5　ゲーテはなぜ進化論の扉を開けなかったか

ドイツのロマン派の大詩人ゲーテも、生物学の世界に造詣が深かった。というよりも、当時は自然界を認識するのに、今日のように自然科学と人文科学・社会科学などにバラバラにして考えるのでなく、世界を丸ごと思索や研究の対象にするような時代でもあった。

産業革命も進行し、科学や技術が発達するにつれて、人間の知識もバラバラになり、専門化・細分化にいよいよ拍車がかかったといえよう。

話を元に戻すが、ゲーテは生物界を広く見渡して、原型（祖型）とそれから派生した派生型（子孫型）があることを知っていた。そしてその当時盛んになりつつあった比較解剖学の手法で、いろんな派生型どうしを比較することにより、原型（祖先型）を探ることが可能であることを知った。その原型にこそ、神の設計・神の意志が潜んでおり、原型を通じて神の意志をじかに読み取れるのだという。

この発想が、有名な「間顎骨」の発見につながった。哺乳類の上顎骨は左右それぞれ二対（上顎骨二対＋間顎骨二対の合計四個）からなる。ライオンもイヌもネコも、テナガザルやオランウータンや多くのサルたちも、すべて左右二対だ。もし地上の生きとし生けるものすべてが創造主の設計にならって創造されたものならば、人間もその設計図に従って、左右二対なければ辻褄が合わない。ゲーテは標本室の多くの頭骨を丹念に調べた結果、驚くべきことに気がついた。たしかにヒトの上顎骨は左右一対だが、胎児の段階では厳然として左右二対

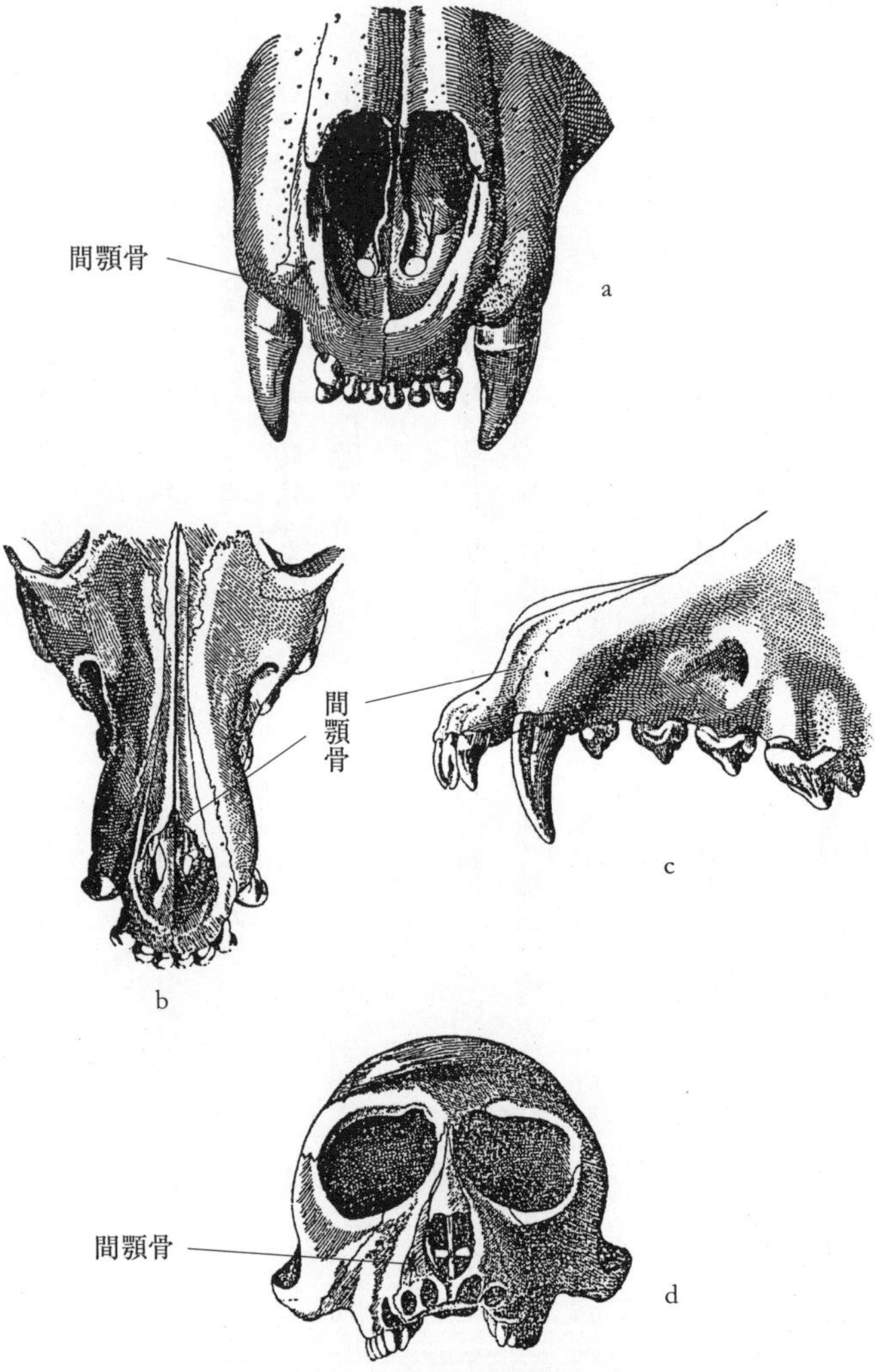


図 4-3　ゲーテは哺乳類で普遍的に存在する間顎骨が，ヒトの胎児にも存在することを発見．ヒトも特別の存在ではなく，他の動物と同様に神による共通の設計に基づいて創造されたと主張した．ヒトでは間顎骨が接する縫合が成長の初期に消失．しかし硬口蓋に切歯骨として認められる．
　a ライオン，b オオカミ，c オオカミの側面図，d マカカ
（Über den Zwischenkiefer des Menschen und der Tiese. J. W. Geothe）

あるではないか。つまり、ヒトの場合は成長の初期の段階で、間顎骨と上顎骨が早々と癒合して左右一対になっていたのだ。決して例外ではなかったのだ（図4-3）。

このゲーテの考え方や研究方法は、そのまま系統発生学の考え方の一つでもある。その意味ではゲーテも進化思想の戸口に立っていたのだが、ついにそのドアをノックするまでにはいたらなかった。彼の生物観では、いつも彼の前に創造主つまり神が立ちはだかっていたからだ。

## 4.6 人間は本能欠如した動物である

本能という概念は、使用に際して便利ではあるが、誤解も伴う。人間も含めてどの動物にも後天的・学習的な能力や性質に対して、生得的な（生まれつきの）能力や性質がある。一九六〇年頃に動物行動学が台頭しはじめた際に、動物やペットのアマチュア的な行動観察が一段と流行した。多分その余波だろうが、動物それぞれの行動を「その動物に固有の本能的行動として」といった調子で、軽く片づけられたことなどから、専門家の間では「それでは内容も蓋をしたままだし、何の説明にもなっていない」ことから、本能という言葉を説明概念としては忌避する傾向があった。今では逆に共通理解の上で、行動学の発達から便利さを優先させて、生得的という意味で本能という言葉も比較的軽く使われるようになった。

その本能についてだが、ドイツのロマン主義者ヘルダー（Herder, J. G., 1744–1803）はかなり難解な本だが、『言語起源論』（一七七二）で有名になった。

物心がつきはじめた子どもときたら、まるで乾ききった砂漠の砂が水でも吸い込むように、言葉が身についていく。その習得能力たるや、神秘としかいいようがない。それゆえあれこれ思弁した挙げ句、人間だけが持つこの神秘な能力は、きっと神から授与された本能に違いない、とジュースミルヒ（Süßmilch, J. P.）らは考えた。これを神授説という。

これに対してヘルダーは「人間が言葉を喋るのは、人間には理性や精神があるからだ」と主張した。しかし「だがその理性や精神は？」といわれると、やはり神から与えられたものと考えざるをえなかった。

同じくロマン主義者のW・フンボルトも、この問題に挑戦したが、とどのつまりは「人間であるためには言葉を喋らなければならぬ。言葉を喋るには人間でなければならぬ」という堂々めぐりの不可知論に陥らざるをえなかった。

ついでながらその言葉は、ヒトとヒトを繋ぐ重要な媒体であるが、逆に言葉の違いはヒトとヒトを分け隔てる文化的障壁にもなっている。言葉のありがたさゆえに、この後者の欠陥が忘れられたり、霞んでしまったりしている。

話を元に戻して、そのヘルダーが人間は「本能欠如の代償として、理性とか精神を持つようになった」という。だが、私の記憶違いでなければ、この発想はギリシャの「酒樽の哲人」とよばれたディオゲネスから引用したものらしい。

この発言の趣旨は、人間はもはや本能の法則に雁字搦《がんじがら》めに縛られた存在ではなく、言葉を獲得したお陰で、精神的にはかなり自由になったということにある。ブタは所詮ブタ以上には行動できない。だがブタ以下にも行動できない。しかし人間は神や仏に近い行動が可能になった。だが一方で、ブタ以下の行動も可能になってしまった。その行動の選択は、人間自身が自由に選択できるようになったからだといえよう。

## 4.7 神の座に科学が居座る

一九世紀中頃にダーウィンの進化論が刊行され（一八五九）、紆余曲折はあったものの次第にその正当性が認められるようになった。そして、いよいよ一般動物（とくにサル類）とヒトとの間は、進化的に連続していると考えられるようになり、理念的に人間の動物的位置も揺るがないものになった。つまり、人間の出自が動物由来であることが無理なく理解されるようになったというわけだ。

このような傾向は、G・ガリレイやF・ベーコンやR・デカルト、I・ニュートンらによって築かれた近代科学の大きな流れと無縁ではなかった。実験を通じて実証や普遍的合理性（法則性）が重んじられ、とくに生物学に基盤を置く近代医学でも、実験動物として盛んに動物が使用され、数値化したデータが動かしがたい実証的な裏づけとしての価値を持つようになった。

その頃はまだ、非常識な考え方は「神の冒涜だ」「神を畏れよ」などとたしなめていたが、いつの間にか「それは科学的ではない！」と断じて、相手を沈黙させるようにまでなった。科学が次第に神の座を占めるようになっていったのである。

たしかに近代の科学や技術の成果は輝かしく、客観すなわち真理であり科学だと、誤解されるようになった。実際には科学がすべてではなくて、その外側には文学や芸術や宗教などの、人間の精神が活動する広い世界が展開しているのに、多くの人はそれを無視するか、気がつかないようになってしまったのだ。

そのような風潮から、人間の生命観もきわめて浅薄なものになってしまった。

人間も犬も同じ病気にかかるし、生理的営みは基本的には同じだ。ラットで得られた生理学的データや薬学的データも、ちょっと注意さえすれば、そのまま人間に適用できる。こうして人間も解剖的・生理的には他の動物と同じではないかという思い込みが、いよいよ強化された。そして生物レベルで同等であるだけなのに、不当に人間を生物のレベルにまで押し下げて論ずる風潮を強めてしまったのだ（要素還元主義）。一方ではたしかにそのような観点から、医学や医療技術も大きく発展したことにまちがいはないのだが……。

このようにして、生物学や医学では、動物たちの行動や心理などを、イソップ物語めいた擬人的な解釈をすることには、警戒心を働かせるようにはなった。しかしながら他方では、不当に人間を動物レベルで見るという、いわば擬鼠観・擬猿観が不自然でなくなってしまった。

近年になって、生命を持つ動物たちへのごく自然な憐憫の情からか、あるいは地球生態学的な論拠からか、動物を実験に供することに対して、かなり激しい反対運動が巻き起こった。すべてとはいわないが、擬鼠観・擬猿観で凝り固まった生物学や医学の従事者は、動物実験はより大きな人間の幸福や健康に貢献しているのだという、まるで論理のすれ違った大義名分で対抗するようになった。

「生」のレベルではヒトも実験動物も生あるものとして、等しく生きる権利がある。だから実験動物といえども無意味に切り刻むのでなく、人間の目的のために生の犠牲を強いることに関しては、感謝の念を持ってしかるべきだ。

いずれにせよ「人間の死もネズミの死も同じだ」という生命倫理や、「対象がたかがネズミではないか」という身勝手な論理も、論理としては不十分であることを認めざるをえない。

# V

# 殺人の行動学

# こんなにも

江原　律

まえあしをつばさにかえて
とりはそらをとび
まえあしをてにかえて
ひとはたちあがり
あるいてきた
こんなにもいそいで
こんなにもとおく

# 1 副葬品や遺品は先史人を代弁する

遺品分けといえば、損しないように目の色を変えたり、骨肉の争いの原因になったりするが、本来は亡くなった人への想いがその品に凝縮しているというのが出発点だ。原意はその遺品が元の持ち主を偲ぶ縁《よすが》になるということにある。遺跡の調査で発見される副葬品や遺品についても、同じことがいえる。

民族間や国家間、部族間などの衝突でよく目にすることだが、相手をイメージした人形や国旗などを踏みにじったり、火をつけて燃やしたりする光景が目につく。いずれもアナログ的な右脳の働きが、具体的な相手とそのシンボルである人形や国旗遺品とを、同一視させているからだ。

また、先史時代のある老人がいつも同じ首飾り（ペンダント）を、身につけていたとしよう。そのペンダントは老人の名刺的役割以上に、右脳的にその老人自身の代わりの役目を果たす。そのペンダントを傷つけることは、老人自身の身体を傷つけることになる。

これらの事実を前提にして、遺跡などから出土する副葬品について、考え直してみよう。それらの副葬品のなかには、護身用や護符の類、生活に必要な什器類、社会的身分を示す持ち物や装身具なども含まれている。それらの副葬品は、故人が生前肌身離さず大切にしていたものだからとか、あるいは冥界でも不自由しないようにとの思いやりから、身内や仲間が故人と一緒に埋葬したのだという解釈が一般的だ。

たしかにそう考えるのがもっとも素直かもしれない。だが、現代の論理や民族学的パラダイムからいきなり先史時代の風習や行動を推測し解釈するのは危険が伴う。什器類や生活用具は別として、たとえば装身具や社会的身分を示す持ち物の類などはとくにそうだが、埋葬当時のアニミズム的世界では、それらの遺物はむしろ故人の生前における身体の一部であり、その故人のアイデンティティそのものだったという右脳的解釈も成り立つからだ。しかもこの方がはるかに信憑性が高いといえよう。だから先史人にとっては、身体的死とともに故人の存在のすべてが無に帰したわけではなかったといえよう。

また、ネアンデルタール人の埋葬の事実や豊富で多様な副葬品などから、彼らにはすでにシンボル的・右脳的な能力がかなり発達していたこともうかがえるのだ。これらをひっくるめて考えると、死の発見や過去や未来への世界の広がりなどもあわせて、彼らの精神文化秩序系はかなり豊かで、それらと対応する言語生活もかなり進んでいたと考えても、さほど見当はずれの推測とはいえまい。

# 2 化石人類における殺人例

## 2.1 北京原人は殺人と食人の犠牲者か

すでに簡単に述べたことだが、二〇世紀初頭から北京郊外の周口店あたりで、世界中が待望している人類化石が出土するのではないかと予測はされていた。というのも、この辺りでは産出しないはずの種類の石が散らばっており、よく見るとその石には加工の痕さえ認められる。まさか四足獣が、そのような石をくわえてやって来たとは考えられまい。それは人類以外にはできないことなのだ。

とくに周口店の洞窟の調査が進められると、一九二七年に頭蓋冠が出土してからというもの、継続的に第二次世界大戦で中断されるまでに、続々と重要な化石や先史遺物が発見され、約四〇個体分の化石が収集された。当初、シナントロプス・ペキネンシス（俗称北京原人。学名ホモ・エレクトゥス・ペキネンシスと呼ばれる）と命名され、はじめて彼らの姿かたちが浮かび上がってきた。おまけにそれまでは想像もできなかった人類の過去の実態や生活までが、明らかにされはじめた。彼らは、更新世中期（約八〇～一〇万年前）を通じて、ずっとこの地域に住み着いていたらしい。

いっしょに出土する動物や植物の相から推測すると、当時の気候は寒冷から温暖に向かい、ふたたび寒冷化したらしい。黒く焼け焦げた動物骨が多く、実際に炉跡も見つかっていることから、彼らは日常的に火を利用する技術も身につけていたらしい。そのことにより、気温が低下しても南下せずに踏み留まって、この寒冷の地でも生きていくことができたのだ。

彼らは雑食性だった。食用に供したのは、動物ばかりでなくヒトも含まれていたらしい。すでに簡単に述べたが、彼らには食人の風習（カンニバリズム）もあったらしいのだ。というのも、洞窟のなかのブランチの一つでは、その底に五個の頭骨が無造作に放り込まれており、いずれもその大後頭孔（頭蓋底で脳が脊髄に移行する孔）の部分が鈍器で打ち割られて、脳が掻き出された痕跡があった。その後で不要になった頭骨は、洞窟の底へ投げ捨てられたらしい。また、上肢や下肢の長管骨は縦に割って、骨髄を啜ったらしい。これらは四足獣の仕業としては、不可能なことは明らかだ。

この事実が公表されたときは、世界中の人々は驚きのあまり、思わず息を呑んだ。ようやく待ち望んでいた当時としては世界最古の人類とおぼしき化石が発見されて、その興奮が冷めやらぬうちに、その人類の大祖先が殺人者であり食人種だったなんて……。

人類の祖先を聖なるものにしておきたい人々は、北京原人は殺人や食人の犠牲者だったのだと弁解する。しかし、それでは辻褄が合わない。北京原人よりももっと器用に道具が使用でき、もっと進んだ人類がいたことになり、話を先へずらせるだけのことだからだ。

## 2.2 ゴリラの冤罪を晴らす

すでに述べたように、「人が人を殺し、焼いて喰う。これはまことに人間的な行動だ」と逆説的な表現をしたのは、ドイツの人類学者H・ワイネルトだった。

たしかに、人類が登場し、彼らの間で道具の製作や使用が日常化してくると、急に話は血なまぐさくなった。猿人段階のことだ。

それに比べると、ゴリラなどははるかに平和主義者だ。自然状態では、みずから進んで肉食しようとはしない。かなり徹底したヴェジタリアン（菜食主義者）なのだ。

それにもかかわらず、ゴリラの発見が英国に伝えられると（一九世紀初頭）、ヴィクトリア朝の社交界や貴婦人たちの間では、彼らの容貌の怪異さと獣的な神秘さのために、醜悪と猥褻の代名詞として、あるいは暴力と残忍のシンボルとして、ハイエナやオオカミ以上に嫌悪されてきた。実際は虫一匹殺そうとしないのに、だ。

だから、ゴリラは一九六〇年代以後、調査が進められて実状が明らかになるまで、ひどい濡れ衣を着せられてきたものだ。だが、その冤罪を払拭するような決定的な事件が起きた。

一九九八年八月のある日。場所は米国シカゴ郊外のブルックフィールド動物園。三歳の男の子が、ゴリラをもっとよく見ようとして、約一メートルの高さの柵をよじ登った際に、五メートルもある柵の内側に転がり落ちた。柵の内側には、アフリカの動物たちに混じって、七頭のゴリラがいた。自分の子どもをあやしていた母親ゴリラはすかさず駆け寄り、男の子を抱き上げ救出したというのだ。母親ゴリラのみごとな母性愛！

ゴリラと違って、チンパンジーはコロブス類のような小型のサルや小動物を狩りしては、肉食をする。サルたちのなかには、群内での順位やナワバリが無視されると、血みどろになるまで仲間どうしの喧嘩をする種類のサルもいる。ある状況の下で、「子殺し」という同族殺しを行うものもいる（杉山　一九八〇）。ある状況とは、たとえば一オス多メスの単雄群で、その群が乗っ取られたとき、新しいオスは前のオスが残した離乳期の赤ん坊を殺害するといういささかショッキングなできごとをいう。

この子殺し（同種殺し）は個体レベルでは矛盾した行動かもしれないが、種レベルでは子どもが殺害されて授乳が中断されると、その結果授乳メスが発情して、より優れた新しいオスの遺伝子を受け入れることになり、帳尻が合うどころか、むしろプラスになっているのだ。このようにして新オスには、群に自分の遺伝子を残そうとする繁殖戦略が働いているのかもしれない。

## 2.3　化石人類は現代人よりも非人道的か

人類ではどうか。進化の過程がしだいに解明され、彼らの生活や行動が明るみに出てくると、すでに述べたように、その恐ろしい実態を露呈しはじめた。

猿人類、北京原人の例はすでに述べた通りである。

旧人類ネアンデルタール人や新人類クロマニョンになると、ヨーロッパやアジアでも殺人例はもっと頻繁になり、しかも大量の殺戮が増えてくる。人類は進化とともに、そして文化・文明の進展とともに、この忌まわしい罪を減らしてきたかというと、事態はまったく逆で、いよいよ規模が大きく頻繁になってきたといえる。

このような非人道的なことは太古の話で、進歩した文明の世に生きる現代人たる私たちとは、一切かかわりがないといって涼しい顔をしていてもよいのだろうか。銃器や近代兵器が開発されるまでは、戦場では大殺戮といっても対面的に行われ、その規模は知れたものだった。しかし近代以降は不特定多数の敵を遠方から殺傷するようになり、現代ではまるでテレビゲームでもするかのように、コントロール室に据えられた盤上のボタンを操作するだけで、大量殺戮が可能になってしまった。そこには敵の人間としての姿さえ消えてしまっている。互いに見知らぬ、言葉を交わしたことさえない人間どうしの殺戮だ。

一九九一年の多国籍軍によるイラク攻撃（湾岸戦争）では、米軍は爆撃の状況をビデオで全世界に流し、得意げにその成果を誇った。飛び交う砲弾の花火のような華麗さに、一瞬思わず歓声に近い声を挙げた。しかし次の瞬間、その着弾地ではまちがいなく人々の阿鼻叫喚があったことに気づき、鳥肌が立つ思いであった。

人類にとって、最上位のタブーであり、最大の罪悪であるはずのこのような殺戮行為が、なぜにこうも普遍的に起こるのだろう。いや、むしろあまりにも普遍的だからこそ、十戒の例にも見られるように、もっともきびしい戒律やタブーが課せられてきたといった方が適切かもしれない。

北京原人が殺人者、食人者であるとの実態が明らかになった際、すでに述べたように、ドイツの人類学者ワイネルト教授は、この事実を直視し、むしろ逆説的に「人が人を殺す。これはまことに人間的な行動だ！」とまでいったのである。これはずい分おぞましい話だ。遺跡などで、同種殺し・同族殺しの痕跡が見つかれば、そのサルはまちがいなくヒトだと断定できることになるからだ。

## 2.4　利器も使いようで凶器になる

では殺人は人類の奥底から発する残忍性を示す本性のようなものだということなのだろうか。大切なポイントなので、もう少し突っ込んでこの問題を考えてみよう。

生まれつき大きな角や鋭い爪や牙を身に備えている動物は、同種の相手を死にいたらしめないための、絶対的な歯止めを持っている。たとえばヒヒやニホンザルなどでは、「もはやこれまで！」と観念したときには、相手に赤い尻を差し向ける。その行動が示されると、攻撃は中止され、勝者がマウンティング（馬乗り行動）することにより勝敗が決まり、争いは終わる。

このような行動を動物行動学では儀式化（ritualization）という。その儀式化は種によってさまざまで、オオカミは勝者に向かって自分の急所である頸部を差し出す。イヌやネズミなどはひっくり返って、急所の下腹部を相手にさらす。イノシシは樹液で毛や皮膚を固めて肥厚した頸部を、半ば形式的に相手の牙で刺させて争いは終わる。

しかし、このような危険な武器を身体から一切なくしてしまって、いわば武装解除してしまった丸腰の人類は、一見平和な動物になったかのように思えるが、逆に仲間殺しが激増している事実を、どう解釈すべきなのだろうか。人類には、もはや相手の攻撃を中止させる歯止めとしての儀式化された行動は、一切なくなってしまったのだろうか。

絶対的とはいえないが、人類にも歯止めがないわけではない。どのような人類集団も、サルたちやその他の動物のように、太古から同族殺しや仲間殺しや同士討ちなどのくり返しで、生存のための活力を磨り減らしたり、内部崩壊したりしないようにと、集団の掟や社会的な規制が行われてきたはずである。

そしてそれらは反社会的行動を戒めるタブーや良心として、心の深層に刷り込まれ、あるいは集団や社会の秩序や維持機構となり、集団のメンバーはそれに従って生活し行動してきた。猿人たちも爪と牙の論理を放棄したときから、この種の社会戦略を採ってきたことは、ほぼまちがいない。でなければ、人類になった時点で集団は内部から崩壊しはじめ、衰退と絶滅への道を進むことになったことだろう。

しかし、それらが絶対的な歯止めになりえないような深刻なことが、猿人たちの間で発生してきていたのである。

猿人たちはせっせと道具を作り、それらを器用に使う術を身につけた。それは巨大な角や牙や、鋭利な鈎爪の代わりをするどころか、手の延長上で、さまざまな用途に応じて形を変え、ナイフやハンマーやスクレーパー(掻器)、掘り棒や突き棒などになった。それまでは猿人たちはまだきびしい自然条件を受け容れ、自然に従いながら、他の動物たちのように自然的存在として生きてきた。しかし、猿人たちはしだいにその自然に対して自己主張をしはじめた。道具を利用し、技術を身につけることにより、自然に立ち向かいはじめたのだ。効率よく獲物をとらえ、皮を剥ぎ、肉を裂くのに、それぞれに適した道具を利用した。

木の根を掘り、堅果を叩き割って実を採り出し、堅い殻で包まれた草の穀粒をすり潰すためにも道具を使用した。道具は、猿人たちにとって生きていくために欠かせないものになってしまった。

ところが、頻繁に生ずる仲間どうしの些細な争いに、いつも身近にある石斧が、相手の頭上に振り下ろされることもあった。相手をめった打ちするのに、掘り棒が転用されることもあった。道具さえ使わなければ、相手に致命傷を与えることもなかったし、またできなかったであろう。こうして、本来は生きていくために必要な、平和的な目的のために作られたはずの道具が、皮肉にも仲間どうしの争いにも、いとも簡単に転用されるようになったのだ。

これはもはや生物界を逸脱してしまった文化次元の行動だ。だから自然はこのような脱自然的な、いうなれば人間次元の攻撃行動を阻止するだけの効果的な歯止めを、人類に組み込むことができなかったのだ。であるならば、道具をいかに使用するかは、それを創り出した人類の判断に委ねられる。それを平和的に使用するか、殺戮に転用するかの選択は、自然の側ではなく、人類の側にある。この分裂的・自己矛盾的状況の延長線上に、大量破壊兵器を手にした現代人がいるというわけだ。

## 2.5　現代人に潜む殺人性を検証すると

### (1) 肉食説

たしかに人類にも争いに際して、いくつかの攻撃の歯止めはある。たとえば武器(道具)を投げ出し、相手の足下にひれ伏す行動だ。ふつうならこれで、かなり相手の怒りを沈静させ、攻撃心を和らげることもできよう。あるいは争いが生ずる前に、それを避ける儀式的な行動もある。たとえば、相手に対して敵意がないことを示したり、和解するときに見られる行動として、深々と頭を下げたり、右手を上に上げたり、握手を求めて相手に手を差し出したりする行動だ。挨拶行動も互いに敵でなく、仲間だということの意思表示と見ることもできよう。

だが一方で、これらの行動にどれほどの歯止め効果があるかは、歴史を見るまでもなく、身辺で毎日のように発生している事件を見ただけで明らかだ。仮にこのような制御反応がかなり効果的だったとしても、対面的でない相手や、近代以降の戦争のように眼前にいない不特定多数の相手に対する攻撃性には、何の効果もない。

しかしなぜ、このような歯止めのきかない攻撃性が可能になったのだろうか。

ある人たちは、人類の奥深く潜んでいる、のっぴきならない本能のせいだと考えている。人類学の長老であるシカゴ大学のウォシュバーン教授（Washburn, S.）や、『狩りをするサル』の著書で日本でも有名になったロバート・アードレー（Ardley, R.）、動物行動学でノーベル賞を受けたローレンツ教授、精神分析学の創始者フロイト教授たちは、肉食は「殺し」を前提としなければならず、それは破壊本能や攻撃性という人類の深層から発したものだというのだ。ではなぜ、人類が人類を殺す以上に、もっと徹底した肉食であるはずの動物たちに、「ヘビがヘビを殺し、ライオンがライオンを殺す」ようなことが見られないのだろうか。

### (2)「人間的理由づけ」説

だから社会心理学者フロムは「人が人を殺す」のは、本能とか攻撃性などに根ざすのではなく、人間的な「理由づけ」によるものだという。つまり殺人には、かならず人間的な動機があってのことであり、理由なき殺人は、病的異常な行為で問題外だ。どの殺人ケースを見ても、恨みや妬みや憎しみのような個人的理由から思想や正義や信仰などの社会的理由まで含めて、実にいろいろな理由があり、その理由に基づいて殺人が行われているという。動物学の論理では考えられない「不条理」だ。生命秩序系と文化・精神秩序系の間に捻れがあり、このような「人間」の仕組みから生ずる避けがたい矛盾が存在する。宿命的な自己矛盾ともいえよう。

アブラハムが我が子イサクの喉をかき切って神に捧げようとした行為には、宗教的な動機があり、その宗教的行為としては至上のものとして讃えられるかもしれない。けれどもそのような理由づけを持たない別の宗教や文化圏の人間にしてみれば、身の毛もよだつような話だ。「ジハード」（イスラム教でいう聖戦）の信念から腹に爆薬を巻いて敵地に飛び込み、あるいは正義という信念のもとに敵地で切り死にする行為は、勇者として称えられるだろうが、別の価値観を持った世界から見れば、身の毛もよだつ蛮勇としか思えない。たしかに人が人を殺すには、その人間的な理由もしくは動機があってのことだが、しかし理由があれば人間には殺しが可能だというところに、不条理性があるといわねばなるまい。

### (3)ローレンツの「攻撃性」説

さて、肉食の前提になる「殺し」についてだが、ローレンツは動物の深層に潜む攻撃性に原因があると考えている。しかし果たしてそうだろうか。

フロムもいうように、狩りで獲物を仕留める殺しは、闘争で相手を殺傷するのと同質ではない。たとえば、ネコがイヌに襲われたときに示す反撃の表情や姿勢や行動は、ネコがネズミを狙って捕獲するときの攻撃とは、同じ攻撃行動でも生理的・心理的に大きな差があり、質的に別のものだと考えた方がよい。人間の場合も同じで、狩りをして獲物を仕留めるのと、闘争の挙げ句他人を殺めるのとでは、同じ攻撃という行為であったとしても、中身はまるで別である。ここには論理階型のズレが読み取れる。

## 3 論理階型上の混乱

つまり論理階型のズレとはこういうことだ。「獲物を仕留める」という行動と「他人を殺める」というまったく別の行動が、論理階型では一段階高い「攻撃性」という抽象概念にまとめられる。逆にその「攻撃性」という概念から見ると、「獲物を仕留める」も「他人を殺める」も、いずれも「攻撃性」というカテゴリーに含まれるから同じことなのだと錯覚してしまう。論理学的には、論理階型のレベルの無視といって差し支えない。

人類を生物レベル（生命秩序系）で見るかぎり、自分が属する社会や集団の掟に反して「ヒトを殺す」という同種殺しは、生き物の論理としてはみずからを否定することだから成り立たない（子殺しという「同種殺し」については、Vの2.2参照）。だからその回避は生きていくための不可欠の生存戦略（メタファー化）となっている。言い方を換えると、「ヒトを殺す」という行動がもう一段高い「不可欠の生存戦略」や「反倫理」「反道徳」などという抽象概念にメタファーされ、その抽象的な殺人行為がタブーとして禁止されるようになる。だからどの部族や民族でも「ヒトを殺める」という直接的な行動は即座に否定するが、正義や道徳や価値観などによってメタファーされた「殺人」の意味は部族や民族ごとに異なり、中身も大きく違っていることに注意する必要がある。アブラハムが最愛の息子イサクを焼き殺して創主に捧げようとした行為、異端という名のもとに多くの人を凄惨な死に追いやった数々の宗教的紛争、好戦的な指導者の熱血的な演説で、他愛もなく集団全体が催眠状態になったり、集団的ヒステリーに陥ったりして、限られた時代の限られた社会の正義だとか大義名分の旗のもとに、相手ばかりかみずからも死地に追いやった例は、数えきれないほどある。かくして「ヒトを殺す」が、異文化ごとに中身の異なる正義の名のもとに、是認されることにもなるのだ。

現に今も、世界各地の紛争地帯では、同じようなことで殺し合いがくり返されているが、両陣営とも声高らかに正義を主張し、みずからの殺しを正当化しているではないか。まさに「軍旗はためけば、分別はラッパのなか」で消えてしまうのだ。

たとえば「愛」についても同じような論理階型の混乱を引き起こしやすい。マザー・テレサがインドの下層階級の人々のためにキリスト教的愛から人道的に尽くす行為と、若者が自分の好きな彼女に対して抱く恋情とを、いずれも「愛」というもう一段高い抽象概念で包括して論じても、同じ愛でも中身や質がまるっきり違う。

にもかかわらず、両者を同じ愛と認めるのは論理階型を混同していることになる。

このような論理階型上の混乱は、言葉を操る私たち人間にとっては、身の周りにふんだんにあって、宿命的に避けがたい。博愛・人間愛・母性愛・友愛・性愛など、あるいは自然を愛する、動物を愛する、絵画を愛するなども、この類になるだろう。「○○愛」のすべてを一段高い「愛」という概念でまとめ、今度は逆にこの上位の概念(「愛」)に含まれる多くの行為や行動を同質化してしまうエラーを犯しがちなのだ。

性愛という生物学的機能に直結した衝動も、人間では妄想の肥大により本末転倒の形をとることが多く、同性愛、サディズム、マゾヒズム、獣姦やフェティシズムのような、さまざまな倒錯形態として現れるのは、日常茶飯事の現象だ。愛という同一概念で包括し、逆に同じ愛だということから、知らず知らずのうちに、すべてを同質的に考えるような論理的誤謬は、論理階型の違いを無視することから生ずるといえよう。

# 4 「汝、殺すなかれ!」

## 4.1 動物行動学の立場からみると

最近、思考実験として「なぜ、ヒトを殺すことがいけないのか」という質問がよく提起される。ついには大学の入学試験でも、試験問題として出された。まことにそう問いたくなるほど、いとも軽々しく「人を殺す」事件が頻発する。ここにも、人間であるがゆえに抱え込んだ矛盾の一つを見る思いがする。

まず、これを動物行動学の立場で、進化史的にもう一段深い層から考えてみよう。当然のことながら、人間も他の生き物も同じように、個としても種としても、その「生」を全うしようとする。だから同種殺しや仲間殺しなどのような、種の内部から崩壊していくような行為は、生物学的には特別の理由がないかぎり、回避するメカニズムが発達しているものなのだ。さもなければ、種としての存続は保証されず、進化の流れのなかで早々と淘汰されて姿を消してしまっていたことだろう。

人間になってからも、人間が生き物であることを止めないかぎり、この種の生物としての論理を、精神の深層で引きずってきているのはやむをえない。しかしその生物学的な論理も、きわめて人間的な論理、つまり憎悪、怨念、怨恨、敵愾心、獲物や収穫をめぐる損得勘定、テリトリー問題、金銭や痴情の縺れなどの炎がメラメラと燃え上がったときには、手もつけられなくなる。

シャニダール洞窟では、すでにこのいずれかが原因で殺し合いがあった。それ以前にも、猿人や原人のレベルでも、頻繁に殺人のあったことが報告されている。

近東の紛争時、完全武装の兵士が建物の蔭から、瓦礫の山を裸足で逃げまどう二人の子どもを狙い撃ちしているシーンをテレビで見た。兄と妹だろう、しっかりと手を握り合って……。その兵士の頭のなかには、自分は正義の遂行者だとの信念があったのであろう。もしその理由づけもなしに狙撃していたのならば、その兵士は狂気以外の何ものでもない。もともと戦争なるものは、両陣営とも正義を唱え、ほとんどが正義と正義の衝突ではないか。もっともその正義の中身はきわめて相対的で、時にはひとりよがりのものも多い。歴史がそのことを証明している。

これらの行動は、攻撃本能や破壊本能というよりも、人間がちょっとした煽動や思い込みや頑固な信念に、すぐ分別を眠らせてしまって、催眠状態になったまま引き起こすと考えられる。このような状態は、人類が未完成状態で生まれるようになった幼児時代の絶対的な依存性と無関係ではあるまい。高等哺乳類や霊長類のなかでも人類だけは、脳中枢神経系や直立二足歩行という特殊な運動様式を完成させるべく、土台になったゴリラやチンパンジーと共通の妊娠期間では間に合わなくなってしまった。そのため、未熟状態のままで出産せざるをえなくなったのだ。というのも、このような繁殖戦略を改良するには、とうてい進化の時間（約五〇〇万年）が足りず、未熟のまま産み落とす羽目になってしまったというわけだ（江原　二〇〇一）。

人間は自分の属する社会や権威に対して、自分を捨ててまでも帰属しようとする傾向とも関係がある。だから、ある集団が戦争や紛争に巻き込まれて、興奮状態からヒステリー状態になったとき、個人の意志や分別などひとたまりもない。いささか逆説めくが、このような状態で行われる殺戮行為に比べると、個人的な恨みや憎悪、痴情や物欲しさからの殺人などは、高が知れたものだ。

個人的理由であれ、集団として増幅された動機であれ、殺人は攻撃性とか破壊性といった生物的な深層から発したものではなくて、ワイネルトやフロムがいうように、まったく人間的なレベルから発したものだと結論せざるをえない。でなければ人類の芽は進化の初期に自然淘汰により、とっくに摘み取られてしまっていたことだろう。

考えてみると、ずいぶん辻褄の合わない話だ。人間はそれを文化的・精神的に克服すべき矛盾した問題として賦課されることになった。生物的に、というより精神的・文化的に克服すべき宿命を持ったということか。生物としての論理と精神的・文化的・サピエンス的（人間的）論理を、両方とも抱え込んだために、ときにはこの二つの論理が捻れることがあり（むしろ捻れている方が多い）、それがワイネルトの「人が人を殺す。それはまことに人間的な行動だ」になったのだ。

カミュが『異邦人』のなかで不条理と呼び、あるいは私が進化史的に見たとき、もう一回り深刻な自己矛盾となって現れるといったのは、このことなのだ。

人間は、生物レベルから精神・文化レベルへと進化してからというもの、多くの宿命的な難題も抱え込むことになったといえよう。

## 4.2 人間とネズミの死は同じではない

イスラム教のいうジハードは、今もなお、これから花を咲かすべき未来を持ったパレスチナの若者たちを、イスラエルに向かって次から次へと自爆に追いやっている。それにしても、自爆とはなんとおぞましい行為だろう。長い歴史的背景を考えれば、いずれに分があるかは早急に結論できまい。だが、パレスチナ側が投石で挑戦すれば、イスラエルは戦車とミサイルで応戦する。投石では勝ち目がなくなって、ついには腹に爆薬を巻いて自爆する。おぞましいかぎりだ。

そのイスラエルの建国のはるか以前に、旧約聖書の主人公アブラハムが創主の命に従い、何にも代えがたい最愛のひとり息子イサクを、生け贄として祭壇に積み上げた薪の上に据え、まさに火をつけんとしたそのときに、信仰の深さが認められて犠牲を免れる。

身近な実例として日本でも、太平洋戦争末期には「お国のため」とか「散華」とかの美辞麗句でもって純真な若者を煽りたて、粗末な飛行機に片道の燃料を積み、あるいは人間魚雷に身を挺し、敵に突っ込んでいった話が溢れていた。

振り返ってみれば、「人間の命は虫けら同然」といってはばからない反人間的な事件がよく起きる。けれどもこの表現も、裏読みすれば、「実は人間の命は虫けらとは違うのだ」という一般の理解を裏返しにして反論している響きがないでもない。では、一般に理解されている人間の命には、どのような意味があるのだろうか。

日本では古くから、「人は死して名を残す」とか、「人は一代、名は末代」、といった言い回しがある。その格言的意味はともかくとして、少し突っ込んで考えれば、人間の生命が生物のレベルに留まらず、歴史的・文化的存在でもあることを言外に意味していることがわかる。

だからこそ人間であるかぎり、その人の人生の軌跡や業績、血縁的な人間関係、喜怒哀楽の人間的なしがらみ、そういった人間の精神的・文化的・社会的な関係の一切が、その人の生物的な死によって、突如として断ち切られ消えてなくなるわけでなく、死後も残ってなにがしかの影響が尾を曳く。

アメリカの著名な文化人類学者クローバーもいうように、人間は生まれ落ちると同時に、その部族や民族の文化の網にすくい上げられ、その文化のなかで育ち、その文化のなかで死んでいく。思うに子どもの誕生は、その部族や民族のさまざまな（文化的）儀式や行事によって迎え入れられ、子どもはその社会集団の言葉や風俗・習慣や行動の仕方、価値観や道徳などが植えつけられていく。死に際しては、頑ななまでにその部族や民族に伝統的な風俗・習慣や宗教儀式により送られ、埋葬され、人々の記憶に刻まれていく。

一方、文化や歴史を持たない生き物たちは、野生の論理、生態的、生物社会的状況のなかで、生まれ、育ち、死んでいく。

文化が人間に及ぼす影響は、これに留まらない。文化は人間のあり方を単に量的に拡大しただけでなく、質的にすっかり変化させてしまったからだ。そのわかりやすい例としては、すでにⅢの４「特殊な人間（ヒト）の環境」で詳述した通りだ。

# 5　それでも、なぜ人間は殺し合う?

## 5.1　殺人を否定する論理の数々

ネズミもヒトも生き物であることに違いはない。つまり、いずれも生命を持つという意味ではネズミもヒトも、この地球上では同じ資格を持つ（生物秩序系）。だが、ネズミは動物のレベルに留まっているが、ヒトは文化を持ち精神活動をするという点では、進化史的にレベルと質を異にしている。だから、ネズミは死ねばそのまま自然に帰るが、ヒトの場合は死んで生物学的な生命が無に帰しても、文化的には人間の世界になんらかの足跡を残し、そういう意味では文化的に存在し続けるのだということもわかった。

先に、無条理に人が殺されるできごとが、まるで申しあわせたかのように起きていることを指摘しておいた（Iの6.3）。ここで改めて、殺人を否定する論理の数々について論評しておきたい。

最近、多発する一七歳少年の殺傷事件をきっかけに、新聞・雑誌やテレビなどで、頻繁に「なぜヒトを殺してはいけないか」というような、一見不気味な設問が話題に上るようになった。きっかけは東京新聞夕刊（一九九七年八月二七日夕刊）の「大波小波」欄で扱われたもので、その元になったネタは、ＴＢＳテレビ討論『ニュース23』で、

「ある高校生が『なぜ人を殺してはいけないのか』と質問したら、大人はだれひとりこれにまともに答えられない様子が、意味深かった」

というもの。錚々たる思想家や学者が、虚をつかれて慌てふためく姿が、マスコミでは興味深かったのだろう。

この問いかけを受けて、大江健三郎氏は若者の質問について、朝日新聞（一九九七年一一月三〇日）の「誇り、ユーモア、想像力」という文章のなかで、「この質問に問題がある。まともな子どもなら、そういう問を口にすることを恥じるものだ。なぜなら、性格の良し悪しとか、頭の鋭さとかは無関係に、子どもは幼いなりに固有の誇りを持っているからだ」という。

この表現には、発達心理学からも問題があるだろうが、信州大の永井均教授は講談社現代新書の『これがニーチェだ』のなかで、これに反論する。つまり大江氏のコメントは、「なぜ悪いことをしてはいけないか」という問を立てること自体が悪いことだというに等しい論法ではないかという（一九九八）。そしてキリスト教的な価値観を根っこからひっくり返したニヒリストのニーチェ的な逆説的論法を援用して、大江論を批判する。結論としてニーチェなら「どうしてもやむをえなかったら、殺しても致し方ない」と。

いささか時間的に前後するが、この発端になったTBSテレビ討論会には、柳美里女史も参加していた。その辺のことを『新潮45』（一九九七）であらためて言及し、「それはタブーだからだ、と答えるのがいちばんふさわしいように思う。人はそのタブーを簡単に壊してしまうからこそ、最大の禁忌にしたのだ」と。一見なるほどと思わせるが、よく考えてみると、これは一種のトートロジー（同語反復）まがいで、論理的反論ではない。「殺人がいけないのは、殺人がいけないと禁止されている行動（つまりタブー）だからだ」ということか。だが、ここでなぜ殺人がタブーになったかを説明しなければ、反論として迫力がない。

いずれにせよ、ここに人間なるがゆえに生物論理と人間論理の捻れ、つまり自己矛盾が認められるということになろう。その自己矛盾から、脱出できる術はあるのだろうか。

京都大学の山中康祐教授（中日新聞　二〇〇四）は、新聞のほぼ一ページを使って「なぜ、人を殺してはいけないか」という質問に対して、問そのものを否定する。そういう意味では大江氏と同じ論理だ。というよりも、論理や解説抜きの論理だ。山中教授は「それは不適当な問だ。だから理屈抜きに『あかん』というのが私の答だ」という。理屈をつける問題じゃない、それが規範というものだというのだ。それは「『なぜ人間は生きなあかんのや』に答えられないのと同じ」だという。だとすると、それは論理でも何でもないということになってしまう。それは問答無用の切り捨て論と受け止められても仕方がない。

ついには、「なぜ、人を殺してはいけないか」という設問は、ある国立大学の入学試験問題にまで登場する始末。出題者は思索のプロセスを見ようとしたのだろうか、それともどのような正解を期待したのだろうか。

このように見てくると、「なぜ、人を殺してはいけないか」という提言は、宗教や哲学や倫理学や文学などの根本的なテーゼに触れた、まことに興味のある思考実験であり問題提起だといえよう。にもかかわらず、これまでのところ満足のいく答はないようだ。

実は自然人類学でも「人間」そのものを対象とする学問だから、学問としてこの問題に積極的に参加する責任がある。

それゆえ自然人類学の立場から発言しておこう。それには人間以前の人類段階つまり「生物としての人類」の論理と、「文化を持ち精神活動する人間」としての論理の両方から考える必要がある。

生物レベルの人類としては、同種殺しは絶対に避けなければならない。またそのように種（species）の遺伝構造に組み込まれているはずだ。でなければ、外敵に対しては無敵であったとしても、仲間どうしの殺し合いで集団内部から崩壊し、とっくに自滅してしまっていたことだろう。そのようなことから、大きな角や鋭い牙や鋭利なカギ爪を装備した動物たちでは、争いで相手の仲間に致命傷を与える前に、勝敗の決着をつける儀式化した行動を身につけている。だから進化の産物としての人類が生き物として、自然淘汰されずに生存しているということは、この問題はクリアしてきたことを示している。つまり同種殺しは絶対に避けなければならない。その人類が文化的に生きることになり、本能的行動は大きくコントロールされるようになった。人間は自分の行動を自分の意思で決定する自由を獲得したということだ。

手にしている石器を利器とするか凶器とするか、獲物の皮剥ぎに使用するか仲間の頭上に振り上げるかを決定するのは、生物学の法則からはみ出た人間の意思の問題になった。

このような事情から、仲間殺しの制御は自然法則からはみ出した行動なので、文化的・社会的に禁ずるようになったというわけだ。そしてこの瞬間から人類は自己矛盾を抱え込んでしまった。つまりそれが十戒の最大の戒めとなり、タブーになったのだ。柳美里女史のタブー説に近いが、タブー化する過程を考慮している点で、かなり違う。

そのようななかで、はぐらかしや逃げの論理や話のすり替えを使わないで、真っ正面から受けて応答している数少ないひとりに、批評家・評論家の小浜逸郎氏がいる。

## 5.2　小浜逸郎氏の応答

まず、彼は「なぜ人を殺してはいけないいか」という問自体よりも、それにまつわる世間の受け止め方に対して、個人的に不愉快な気持ちがしたという。その問自体が切実な必要から、もしくは倫理的に熟慮の結果提出されたものではなさそうなのに、問いかけられた大人たちは、意表をつかれたかたちでうまく答えられなかった。そして、まともに答えようとすればするほど、サロン的な議論ゲームの様相を帯びてきて、それが一種のブームになったことに対してである。

それゆえ、彼はまずこの問題を、質問者が思いつきからでなく、どこまで本心から発したものか、それを確認した上で、それに応じて一緒にこの問題に取り組もうと提言する。相手がどのような動機で、何を知りたいのか、みずからはどこまで突っ込んで考えたか、それによって答の内容が変わってくるのも当たり前のこと。平面的で通り一遍な返答では済まされないからだ。おまけにその内容の正しいこと・善いこと・価値あること・真であることなどは、問題提起者が属する共同体がどう考えるかによっても変わってくる相対的な問題でもある。

そのようなことから小浜氏は、

「人は、みずからその成員である共同体の共通利害を承認するところから、人をむやみに殺さない方がよいのではないかと感じるようになり、その感覚をしだいに道徳的な理性や感情の形で根づかせてきた」

と考える。つまり、

「人を殺してはならないという倫理は、それ自体として絶対の価値を持つと考えるのではなく、また、個人の内部にみずからそう命じる絶対の価値を持つというのでもなく、ただ、共同社会の成員が相互に共存を図るためにこそ必要なのだという、平凡な結論に到達する」

というのだ。

まさにその通りで、問そのものでなく、その問が出された動機、置かれた状況から出発し考えよう、というきわめて現実的な姿勢が必要だという。でなければ、かつてカントが本来答が出ない「形而上学的な問」として斥けたようなスコラ的な議論にふたたび陥ることになるからだ。

だがこの問題に限らず、自然人類学者として、あるいは生物学者として、あらかじめ考えておかなければ、返答に窮するような問にまごつくことがよくある。その一つに、たとえば「人間は何のために生きる?」がある。

## 5.3　人間は何のために生きる?

先に京都大の山中康祐教授が「なぜ人を殺してはならないか」という質問は「人間はなぜ生きなければならないか」という問にすぐ答えられないのと同じだ、と述べた。そしてそのような問は無意味だ、ということだった。その議論を、ここでちょっと振り返ってみよう。

しかし、このような問には論理や条理は一切不要だとすると、何か割りきれないものが残る。この問題には、そう簡単に切り捨てられない条理があるからだ。というのも、たとえば永井均は、本当の哲学はここから始まると批判した。私の場合も、このような問いかけの裏には、「人間とは何か」の問題が潜んでおり、人類学ではそれに応える学問的課題を背負っていると考えるからだ。

この問題も、「生」という原点から考えてみると、かなりわかりやすい。「人間は何のために生きる?」について、まず人間も生き物であることから出発しよう。生き物であるかぎり「生きる」ことが第一目的であることは自明だ。生物は生きているかぎり、生の目的は果たしている。その上で、第二目的として「よりよく生きる」ように努力する。

また、このようにも考えることができる。生物では個体としての存在が否定されても、種として生存が約束されていることはよくある。より大きな「生」を全うして帳尻をあわせているような場合だ。具体例としては2.2で述べた子殺しがある。

とくに人間の場合でも、まず生物として「生きる」という第一目的があって、その次に文化的に「よりよく生きる」ことが第二目的になる。「なぜ生きなければならないか」という問には、生きているから生き物であって、そのこと自体の説明は不要だ。次に第二目的は多くの場合文化秩序系に属し、人間が属している共同体の掟や行動様式や道徳・宗教などによって、その答はさまざまだ。だがここでも生命秩序系の第一目的である「生きる」こととの間に捻れを生じていて、生を否定することもよくある。つまり、人類では文化が介入しているので、状況は飛躍的に複雑になる。

そのよい例として、熊谷直実に討たれた一六歳の若武者平敦盛の涙ぐましい故事が有名だ。直実は一ノ谷の合戦で、美麗な鎧かぶとを身につけ、連銭葦毛の馬に乗った武者がただ一騎、落ち延びて海に乗り入るのを見つけた。呼び戻された武者は年端もいかぬ我が子と同じほどの少年であることを知り、殺すのも不憫に思い、名を聞いたが「名乗らなくても首実検すればわかること」としか言わなかった。直実はやむなく頸を掻き切ったという源平合戦秘話がある。「虎は死して皮を残し、人は死して名を残す」というが、敦盛はその代表格だ。生物的に「生きる」ことを犠牲にして、文化的・歴史的に生きた美しい悲話だ。

その他、第二次世界大戦中の神風特攻隊とか、今も続発している「ジハードでの殉教」といった、痛ましい若き命の散華などを思い浮かべるまでもなかろう。

だから、人間では「生」が精神を主導することもあるが、逆に精神的・文化的・宗教的に「生」が精神に従属することの方が多いくらいだ。生命秩序系と精神・文化秩序系が直線的に繋がらないことがよくあり、そこにこのような両者の間に捻れを生ずるというわけだ。

さらにここでいう文化的行動も一義的ではないから、いよいよ複雑だ。仏教やキリスト教やユダヤ教やイスラム教で、行動指針や解釈が大きく異なるからだ。すでに述べたアブラハムが自分のひとり息子イサクを神に犠牲として捧げようとした物語は、旧約の世界では神に対するこの上ない信仰を意味することで有名だが、他の文化では身の毛もよだつような話だ。

## 6 落ち込みやすい形式論理の落とし穴

ちょっとした会議に出ても、なぜこうもいろんな意見が錯綜するのだろうと、奇異に思うことが多い。見解の不一致は、いずれかが正しく、いずれかがまちがっているからだろうか。

いや、ひょっとすると、「いずれも正しい」とか「いずれもまちがっている」ということもあるかもしれない。前置きや視点をちょっとずらすだけで、意見全体の食い違いを引き起こすことだってある。

このような場合でも、一九世紀の頭の堅い唯物的機械論者なら、悩むことなく答は常に一つだと考えるだろう。「人間の科学的知識が不十分なために、前記のようなことが生ずる」というわけだ。だから彼らによれば、「もし科学が十分発達すれば、このようなことは生じえないはずだ。異文化の相対性・多様性も、やがて絶対的なただ一つの真に向かって収斂し、一元化する」というだろう(たとえば、一八世紀フランスの代表的な古典唯物論者ラ・メトリは、そう考える)。

しかし、よく考えてみれば、このような一元的な収斂性は論理的に行き詰まるか、文化の衰退を意味するだけだ。別の見方をすれば、人類はこれまで、多様化への道に向かって放散してきたからこそ、絶滅せずに発展してきたといえるだろう。

## 6.1　正解や真理は一つだけではない

世界を認識する際に、だれでもが共通に了解する領域A（たとえば主として科学・技術が支配する自然科学系領域。この領域内では共通の了解が成り立つように取り決められている）と、価値観や宗教観や風土や歴史によって醸成された領域B（人文・精神系領域）とがある。前者Aでは人類共通の認識が可能だが、後者Bでは共通の認識が困難なことが多い。

前者はほとんどだれもが科学的、合理的に矛盾せずに理解できるが、後者ではそうはいかない。それを何が何でも「正解や真理はただ一つ」と決めつけるから、身の周りには余りにも解せぬことが多くなってしまう。実際にははじめから「すっきりしない」ことや腑に落ちないことだらけだ。ちょっと入り組んだできごとになると、むしろすっきりした解決法や絶対的な正解などは存在しないといった方がよいくらいだ。

私が属する生物学や自然人類学や進化論の分野でも同じことがいえる。新しい説明原理が発表されると、旧理論が色褪せてしまって、まるで箸にも棒にもかからないといわんばかりに排除される。

思うに、これには今の学校教育も大いに関係がありそうだ。小学校から大学まで、定期試験や入学試験に向けて、たとえば「次の文章のなかから、正解を選べ」のように、くり返しただ一つの正解を求めるトレーニングがなされる。これは領域Aに属する場合に限られる。いかなる場合でも、正解や真理は一つということが前提で、その正解や真理探しが試される。にもかかわらず、ひとたび社会に出れば、領域Aばかりでなく、領域Bの方が多いくらいで、正解のないことや、正解が一つに限らないことの方がはるかに多い。むしろそれが普通なのだ。

ごく最近も、国立大学の入試問題で、いくつかの解答のなかから「正解を選べ」というのがあった。このような場合、不文律的に「正解は一つ」が建前になってしまっている。だが、この場合は正解が二つもあるという出題エラーだった。大騒ぎの挙げ句、採点からは除外された。また別の大学入試問題では、あるはずの正解がないという出題エラー。これも採点では除外……。

しかし、どうだろう。機械論や実証主義が中心の論法で結論が得られる問題と、そうでない領域の問題とではおのずから比重が違う。こう考えてくると、学校などでの試験の正誤問題では、社会に出るまでくり返し正解を一つ選び出すトレーニングをしているようなもの。正解が見つかれば処理完了で終了する。だが、複数の正解があったり正解がなかったりする状況の方が、実社会や日常生活のなかでは、むしろエラーではなくて、現実的で正解なことが多い。

状況の相違や誤解などから、意見や結果の相違が生ずるのはやむをえない。だが、なかには、いずれもそれ相応の根拠がありながら、正誤の違いを生ずるのはなぜだろうか。もっと大きく眺めると、異文化の存在自体が正解や真理の相対性や複数の真理があることを示しているのではないか。

たった一つのできごとや事柄、これを事象というが、その事象について偏見やこじつけは別として、立場が変わればかくも解釈や答が異なるものかと、感心することがよくある。しかしこう考えてみてはどうだろう。毎日、富士山を山梨県側から見て育った人と、静岡県側から見てきた人とでは、富士山の印象が違っていても当然だ。究極的には人それぞれが、自分の周囲の外界を自分の立場や位置や目線から眺めることによって、意識やリアリティが形成されていく。だから一人ひとりの積み上げられた世界（についての意識）が違うのは当たり前だというのが、ニーチェ（Friedlich wilhelm Nietzsche, 1844–1900）やメルロ＝ポンティ（Mairoce Merlau-Ponty, 1908–1961）らのいうパースペクティヴ論だ。そのように考えると、正解や真理や正義などは、いつもどこでも通用する唯一・普遍的なものではなく、時代や国や文化の相違によって移ろい、究極的には個人的にも相対的に異なるということも結構多い。実存的思想は、このような根拠の上に立っている。

## 6.2 「私は私であって、私でない」とは、どういうこと？

人間はまことに弁証法的な存在だ。というよりも、人間の意識にとって、といった方が正しい。つまり、宇宙や天体やさまざまな物質が、人間が存在しようがしようまいが、それよりも前に、すでに弁証法的実体として存在しているというのではない。また、生命の世界に見られる現象のいずれも、弁証法的実体として存在しているわけでもなく、歴史や社会そのものも弁証法的にあるわけでもない。

それら森羅万象のすべてを、人間の方が弁証法的に意識し理解し構成しているというわけなのだ。でなければ、人間はとうてい触れえないカント（Immanuel Kant, 1724–1804）の物自体（Ding an sich）の世界に入るか、フッサール（Edmund Husserl, 1859–1938）がいうように、主観の外に確認しようのない客観的な事物や世界が展開していることになり、思考の動きが取れなくなってしまう。

だからフッサールによると、「主観の外に客観的な事物や世界が存在しているか、またそれがいかにあるかについては考えないことにしよう。一切の対象や世界の確信は主観的体験つまり意識の連なりのなかでだけ成立するからだ」というのだ。つまり、主観という体験の領野のなかに一切の対象を引き戻し還元して考える。だから「現象学的還元」というのだ。

この現象学的還元は、還元主義がいうところの要素的還元とは、同じ還元という表現を使っていても、まったく意味が違う。要素的還元では、たとえば人間の行動は、つまるところ特定の脳細胞の機能に帰するとか、ネズミもヒトも生命を持つということでは同じなのだから、ネズミもヒトも同じ生命レベルに引き戻して議論するといった類の論理をいう。学問的な専門分野でも、この種の論理に出会うことがよくあるので、注意が必要だ。

弁証法の論理については、ヘーゲル（Georg Wilhelm Friedrich Hegel, 1770–1831）以後は時間的現象か場所的現象かに当てはめて考える傾向が見られる。前者を仮に時間的なタテの弁証法、後者を場的なヨコの弁証法と呼んでおこう。いうまでもないが、これらの弁証法的構造も主観の外で実体として存在しているのではなく、「人間の意識の側で観念により構成された存在」だということを忘れてはならない。

## 6.3　タテ軸（時間）の弁証法

生きているかぎり、今の私と来年の私は同じであって、同じでない。身体の中身は時々刻々に細胞分裂や成長や生理的・機能的に変化しているし、心理的・精神的にも今日経験したことは明日の私の人格の中身を変えているはずだ。一〇年後の私は、私であることには変わりはないが、心身ともに今の私とは大きく違う。かといって、「私」なるものが霧散もしくは消失してしまったわけでもない。だから、今私が借金をすれば、一〇年経っても私は借り主に借りた金を返済する義務がある。借りたときの動機や事情が今と違うといっても、それは理由にはなるまい。「自己同一性」が保たれているというわけだ。

このように、人間は生まれたときから、心身の成長とともに人格も成長・形成されていく。その事情は静的な形式論理よりも、動的でヘーゲル的な弁証法的論理による方が、はるかに現実的で理解しやすい。時間的な歴史の変化や発展も、弁証法的に見た方が現実的だ。

これを論理的に表現すると、「私は私であって、私ではない」ということになる。「一〇年後の私は私であることには変わりがないが、今の私とは大きく違う」。だから形式論理でいう「AはAである」という同一律は成立せず、「AはAであり、(時間とともに)Aでなくなる」ということになる。

気をつけてみると、これまでにも洋の東西を問わず、よく弁証法的な表現がなされてきた。たとえば、ギリシャの哲学者ヘラクレイトス(Herakleitos, 5 B.C.)は、「何人も同じ河に二度とは入れない」といっているし、日本でも、鴨長明が『方丈記』のなかで

「ゆく川の流れは絶えずして、しかも、もとの水にあらず」も同じ発想であろう。

沢田英史『異客』は、この辺の事情をきわめて美しく、短歌に託している。

その都度に／異なる我も行く河の／流れ優しき／一つ名を持つ

「わたくし」と／美しき名で呼ばれうる／ひとりの我の／在るかのごとく

## 6.4 ヨコ軸（空間もしくは場）の弁証法

同じことが、「私」の場所的・空間的あり方についてもいえる（場の弁証法）。私という存在は周囲との関係によって、そのアイデンティティが決定されている。そのことは「私」を定義してみるとよくわかる。

生物学的には、「私」というものについては、「食事をする」「呼吸している」「睡眠する」「身長が何センチ」「体重何キロ」「年齢は」「性別は」などの特徴がすぐ思い浮かぶ。それらの特徴によって、自己を維持し、自己を調整し、自己を決定する有機体であり、その自立性を象徴するものが自己という観念だ。その自己をいっそう際立て、他人と区別するものが「私」なのだ。

たしかにそうだが、体重や身長、食欲や呼吸や睡眠などの生物学的な個人的特徴をいくら並べ立てても、「私」のアイデンティティ（同一性）はあまり明確にはならない。このことについては、Ⅱの3「自己とは何か」のところで、すでに述べた。ここでは同じ「自己」を、別の観点から考えてみよう。

アメリカの哲学者ダニエル・カウアンは、大変わかりやすい例で、この辺の事情を説明する。彼によると、「板片に穿った穴の大きさや形を説明するのに、穴そのものに注目していても、穴のアイデンティティは明らかにならない。穴の周囲の木によって形取られる穴に注目してはじめて穴の特徴がはっきりしてくる」というのだ。

だから自己は、どの家族の一員であり、どの学校や会社に所属しているか、その身分は教員か事務員か学生か、どの体育クラブや同好会に所属し、どのような自動車を所有し、自宅は何処にあって、それは持ち家か借家かどうか、どのような思想をもち、どのような特技があり、どのような交友関係を持っているか等々、「私」

とか自己そのものよりも、周囲との関係によって、その違いから意識する。穴そのものでなく、その周囲との関係から穴の特徴を意識する関係に似ている。

もしそうなら、これらの他者との関係は、「私」が何処にいるかで、時々刻々移ろい変わっていくことになろう。ここにいた「私」とあそこにいた「私」とは、自己同一的だが、同じではない。こことあそこでの私を決定している周囲との関係から、「AはAであり、Aではない」ということになる。

だから、時とともに変化する心身の成長や、場の移動に伴う自己と周囲の関連のように、時や場とともに移ろう変化などを考えると、人間はまことに弁証法的存在といえる。時や場の概念の両方を包み込む弁証法として、パースペクティヴ論があるといえる。

## 6.5 「勝てば官軍、負ければ賊軍」とはまた苛酷な!

歴史的な事象や事件も、形式論理よりは弁証法的論理の方が理解しやすい。時間や場が大いに関係するからだ。

メルロ=ポンティによると、第二次世界大戦中、フランスではドイツ軍の占領が始まるとともに、フランス人はドイツ軍やヴィシー政権に協力するか、レジスタンス(抵抗運動)に参加するかのいずれかを選択せざるをえなかった(一九四七)。「前者こそフランス人とフランス文化を守る道だ」と考える人、それに対して「多大の犠牲を払っても、抵抗運動こそがフランスを道徳的な堕落と破壊から救う道だ」と考える人たちもいたということだ。その時点で、人々はどちらの道を選択しても、かならずしも個人的な悪だくみや権力や名誉や金銭を望んでいたわけではなかった。

ところがやがて、そのようなこととはほとんど関係なく、戦争終結とともに歴史は一方を正義と判定し、他を裏切り者と断じた。いずれも「思いは潔白だった」。にもかかわらず、歴史の流れから一方は正義と称揚され、他方は裏切り者の烙印が捺されたのだ。

このような事例は、いつの世でもどの国でも、数えきれないほど存在する。たとえばアメリカでは一八六一〜六五年の南北戦争、日本でも南・北朝の対立、源平の戦い、関ヶ原の天下分け目の合戦、等々。身をどの陣営に置くかで正と邪に別れ、やがて時が経るにつれて、場合によっては正と邪が逆転したりすることもある。

歴史上、比較的記憶の新しいところでは、たとえば日本の幕末も事情は似たようなものだった。勤王側につくか佐幕側につくかは、その組織のなかにいる人間にとっては、ほとんど選択の余地はなかった。その両陣営は、ほぼ攘夷か開国かに別れた。その渦のなかでは自分の意思とは異なる選択をせざるをえなかった人たちもいたことだろう。その結果は「勝敗は時の運」といわれるように、自己の意思とは無関係に「勝てば官軍、負ければ賊軍」、つまり勝敗によってのみ、正義か反逆かが決定されたのだった。

「歴史のなかには一種の呪文のようなものがある。歴史は人間をそのかし、誘惑し、彼らは歴史の進む方向に進んでいると思っている。するといきなり歴史は仮面を剥ぎ、事情は変化し、その事実によって別のことが可能であったことを証明する」のだ（村上　一九九七）。

人間は自分が立っているところから眺望するかぎり、つまり視点を変えないかぎり、地平線は一定の位置に存在する。立つ位置を変えれば、それにつれて地平線の位置も変わり、世界の様子も変わる。このように、正邪・善悪・良否などが見る位置や立場によって変わる。これがニーチェらのいうパースペクティヴ論だ。

このように世界が人間にとって、地平構造をもって現れるかぎり、歴史の相対性や曖昧さから逃れることはできないものなのだ。

## 6.6 怖い二者択一論法の落とし穴

### 6.6.1 二者択一論が成立する場合

きわめて複雑かつ入り組んだ世界情勢のなかで、二〇〇一年九月一一日に同時多発テロが勃発。その鮮烈な映像は、ほぼ同時に全世界を覆った。

そんな状況のなかで、ブッシュ大統領は事件現場に立ち、世界に向かって声高々に緊急宣言を発した。未曾有の大事件で、一刻の猶予もなく手を打たなければならない。でも、だから理屈はどうでもよかったとはいえまい。大統領の演説は群衆が興奮状態にあるなかで、たしかにある人々にとっては、わかりやすく説得力があった。「テロにつくか、それともアメリカにつくか！」「私につくか、テロに荷担するか！」。それがブッシュ大統領の論理だった。

しかし、この二者択一論は論理的には、いささかどころか、かなり乱暴なものだった。テロとアメリカという対立軸以外を、すべて切り捨ててしまったのである。たしかに、状況はこの対立軸以外に世界はない、と錯覚させるほど緊迫したものだった。テロのすさまじさに掻き消されてしまって、声こそ小さいが、多大の迷惑をこうむった人たちもいた。そのいずれでもない立場も大いにあるのに、である。

この問題を、「敵の敵は味方」の例について考えてみよう。二者択一論は、選択肢がAかBかの二項しかない場合にだけ成立する。「男か女か」は二項しかないので、男でなければ女だということが確定する。同様に「敵か味方か」の二項しかなければ、敵の敵は味方ということになる。しかし、敵でも味方でもない第三項がある場合には、この論法は成立しない。

テロという手段の正しさを容認しているものはほとんどいまい。だからといって、テロを否定すれば、自動的にアメリカを支持するということにはなるまい。世界はテロとアメリカの二項だけで成り立っているわけではないのだ。

この論法はうっかりしていると、日常の些細なできごとばかりでなく、思想や言論や研究の世界などでも、よく落ち込むことがあるので注意が必要だ。

一九六〇年代の人類起源論争がそうだった。この頃になると、アフリカではアジアの原人類よりもひと回りも古いアウストラロピテクスの化石が数多く発見され、それらの分類上、人類進化史上「サルかヒトか?」「Ape-man or Man-ape?」をめぐっての議論が盛んだった。このような扱いに、私は何となく割りきれない思いで、「サルでもあり、ヒトでもあり」という見出しで小論を書いた記憶がある。今にして思えば、この方がはるかに事実に即していたことになる。

### 6.6.2 時間や場を考慮すると、事情が変わることもある

前記の条件を満たして二者択一論が成立しており、AがBよりも優位だったとしても、ある時点やある場を考慮すると、形勢が逆転することがよくある。つまり現時点もしくはある民族や国でAが優位でも、時間が推移し、あるいは民族や国が異なれば、容易にBに移り変わることはよくあるからだ。

具体的な実例を挙げよう。

元禄の時代に義士と呼ばれた四十七士が、現代の社会制度のなかでもそのまま、義士として評価されるかどうか。場合によっては、テロ集団にもなりかねない。

あるいは、明治初期の輸送は、馬車や人力車や駕籠が主たる交通手段で、機能的によく組織化され、各宿場では組合もよく発達していた。だから、それと関連した職場で生計を営む人々も多くいた。

そこへ伊藤博文と大隈重信は欧米視察をして帰国してきた。かれらは、産業化を推進させるには、鉄道敷設が大前提になることをひしひしと身に感じながら帰国したのだ。だが日本の産業革命の波(明治維新)を乗り切るには、多大の失業者や天文学的な予算や政治的反対を処理する必要があった。一方では増大する人の移動や物資の流通その他、時代の趨勢として鉄道敷設の必要性と利便性が不可欠であることを、欧米でまざまざと見せつけられてきていた。

つまり、この時点では選択肢はまちがいなく馬車・駕籠の方が鉄道よりも優位だった。その組織に属して生計を立てている人々も多かったし、その彼らを路頭で迷わせるわけにもいかなかった。おまけに当時の日本の経済状況からは、鉄道敷設に要する目も眩むような天文学的な予算は、国を破産させかねない危険性もあった。財政支援しようという某国の申し入れもあり、一方ではアジアを植民地化しようと狙う列強の思惑もあった。

このような情勢の流れのなかで、明治五年五月に政府は経済的・社会的な多大の困難を背負いながら、将来を見越して自力による鉄道建設を決断したのだった。多くの反対意見が沸き上がったことはいうまでもない。だが、その選択は今にして思えば大英断だった。

ひるがえって、この論理を場の異なる異文化の観点から考えてみることも、きわめて有益だ。国や民族や文化の相違から、AがBに、正が邪に、善が悪になることも、よく経験するところだからだ。この異文化的な質的相違をまるで無視して、欧米で成功した資本主義的な思想で、アフリカやアジア諸国を見たところに、欧米の研究者や政治家のまちがいがあったとは、よく指摘されるところだ。とくに第二次世界大戦後、アメリカで異文化理解のために文化人類学が重視されるようになったのも、このような苦い経験と歴史的な背景があったからだ。

しかしべつに大げさに歴史的事実に実例を探さなくても、このようなことは日常でもよく経験する。たとえば職場内や町内での議論などで、「去年、あなたはこう言ったじゃないか」と批判されても、責任問題は別としてやむをえないことがよくある。時間が経過し、事情や場が移ろえば、A>BがA<Bになるのは、よくあることだからだ。しかも始末の悪いことに、メルロ＝ポンティもいうように歴史の流れは往々にして、皮肉にも予測を裏切って残虐な結果になることが多い。

### 6.6.3　「鋏と論理は使いよう」

先に、人間のように動的で時間的・空間的に移ろいやすい歴史的な存在を理解するには、静的な形式論理よりも弁証法的な論理の方が便利だということを述べた。

この他にも形式論理がしばしば現実の事情や現象に適合しない例として、因果関係を示す「……ならば……である」がある。ベイトソン（G. Bateson, 1906–1980）は、この差異についてはじめて明快に指摘した人物である。彼は「論理的な脈絡のなかでも、因果的な脈絡のなかでも、同じ言葉を用いる」ことには、つねに注意を払う必要があると指摘する。つまり因果的な「……ならば」を、論理的な「……ならば」と取り違えると、とんでもないことになるというのだ。

たとえば電気回路のなかでスイッチを押して、回路が接続されるならば、回路は切れる。回路の接続ならば回路の非接続（切断）、つまり「AならばAではない」。しかしこの例のように因果関係を表す「……ならば……である」には、時間の要因が介在しているが、形式論理の「……ならば……である」は、たとえば「三角形の二辺が等しいならば、二つの角も等しい」のように、無時間的である。

同一律「AはAである」や矛盾律「Aは非Aではない」についても、無時間的・無空間的である点ではまったく同じだということは、すでに述べた通りだ。人間という時間的・空間的に複雑きわまりない存在を考える場合には、とくに留意しておくことが大切だ。

「鋏と論理は使いよう」であって、鋏で切り取った事象をいかに論理的に処理するか、それらの事象はいつも形式論理だけで処理できるものか、などについて留意しておくべきだろう。

# VI

# 稜線に立つ

# 波立つ海

江原　律

陸に憧れた一匹のいのちが
ある日
波立つ海を後にした
誰が知っていただろうか
やがて　それが
ホモ・サピエンス
星より淋しい生きものになると

# 1 精神の向上進化

## 1.1 多くの人が実体験した予測外れ

パスカルが『パンセ』のなかで、「もしクレオパトラの鼻が、もう少し低かったなら、世界の様相はすっかり変わっていただろう」といったエピソードは有名だ。

でも、このような「もしあの時、こうであったならば……」という歴史上の仮定は、よく無意味だといわれる。ではあるが、歴史の上での予測の困難さや苛酷さについては、つい「あの時……」と、仮定してみたくなるものだ。歴史上の事象の変化は機械論的に支配されているわけではない。だからひょっとすると、人類の行方を考える上で、かなり有効な歴史上の教訓を得ることもできるかもしれない。

ここでは、もう少し身近な歴史的・社会的実例についての予測外れについて、述べておこう。一種の思考実験だと了解していただきたい。

一九四八年といえば、第二次世界大戦も終わって、世界中にほっとした安堵の空気が流れはじめていた。そんな時期に、アメリカの科学雑誌『サイエンス・ダイジェスト』は、世界中から著名な科学者・技術者を一堂に集めて、一大シンポジウムを開催した。そのテーマの一つに、これから科学や技術がどの程度進歩するかを予測しようという企画が含まれていた。

その時点での予測の一つに、人類は二〇〇〇年後には月面に降り立つことができるであろうと予言されていた。その当時、私はまだ旧制高校（第六高等学校）の学生だったが、夜空にぽっかり浮かぶ月という天体は、実体として存在こそしてはいたが、その月面で生ずるできごとは、意識としてはおとぎ話以外では登場しない非日常のものだった。そこに靴を履いた人間が降り立つことなど、想像もできなかった。それが何と、二一年後には実現してしまったのである。

同様にしてコンピュータの開発は、その同じシンポジウムでの予測の二〇分の一の速さで実現してしまった。つまり、たった一〇年あまり先の状況を予測できた科学者や技術者は、その席上ではだれひとりいなかったのだ。

一九八九年には劇的なベルリンの壁崩壊に続いて、世界を二分していた鉄のような東西冷戦の構造が、雪崩のように崩れ落ちた。しかしこの歴史的な大事件についても、前もって予測し得たものはだれひとりもいなかった。まさに「一寸先は闇」のようなものだったのである。

ニュートンの力学では、ビリヤードの球のように、最初に加えられる力の大きさと方向がわかれば、その後の球の経過は理論的にほぼ予測できるという。

しかし、二〇世紀に入って量子力学が発達してくると、事情は原理的にはすっかり変わり、すべての粒子の運動も、確率でのみ予測できるということになってしまった。

## 1.2 目的合理性と価値合理性

ドイツの社会学者マックス・ウェーバー（Max Weber, 1864–1920）の表現を借りると、文化現象には大きく価値合理性と目的合理性とが区別できるという。

前者については、たとえば人間の好みが時代的に影響を受けることはたしかだが、それがどのような時代的変化をこうむるかを予測することは、ことのほかむずかしい。今年は紺色のロング・スカートが大流行したから、来年はまちがいなくグレーのショート・スカートが流行するとは、だれにも予測できまい。このような機械論とはまったく無縁な芸術的・文学的・嗜好的・感性的ニュアンスの濃い分野の現象(価値合理性の世界)では、たとえば流行をリードする服飾研究家やデザイナーたちはいつも、予測に関しては賭けに近い腹づもりをしているのだ。

だが、かなりの確率で予測がつく場合もある。自動車の外装やカラーなどは予測がつきかねるけれども、エンジンの性能や電気系統の改良などは、かなりはっきりと予測できる。あるコンピュータ関係の有名企業の経営者と話したことがある。彼は「現在のコンピュータは五年後には、改良されてこうなる」と、断言した。この断言は、自動車メーカーの設計者が「来年は自動車の外装やカラーはこのようになる」というのとはわけが違う。このような特徴を目的合理的だという。つまり、この場合には予測はかなり正確に的中するのだ。では、どこが違うのか。

まず目的合理性の場合、目標に向かって収斂する傾向がある(収斂型)。エンジンの性能は、どこをどのように改良すればよいか、材質はどうかなどが問題になる。それらはどこのだれが、またどの企業がアプローチしても、似たような経過に沿って、収斂的に類似の製品に辿り着く。しかも、ある程度まで機械論的な考えで勝負することも可能だ。

このような目的合理性の場合は、いったん起動をはじめたら、次第に加速の度を増していくという性質がある。その理由は簡単だ。進歩的変化が必要な場合、一々振り出しに戻らなくても、その時点から改良を積み上げればよいからだ。たとえば平成一〇年型の自動車を改良する際に、自動車製造の出発点にまで遡って改良する必要はない。比較的わずかな改良で済むから、かかる時間もいちじるしく短縮され、加速性も増す。

だが価値合理性の場合の改良は、そうはいかない。価値観や嗜好性や感性や感覚などに依存することが多く、これらは性質上、機械論や自然科学のように、知識や技術の積み上げ方式では片づかない。ネクタイの色やデザインは、今年が紺色の地の水玉模様だったから、来年はきっと茶色で縞模様だなどと予想することは、まったくのナンセンスだ。両者のパターンの間には関連性があってもきわめて弱い。そのパターンの変化はまったく放散型なので、いよいよ予想が立てにくいといえよう。

## 1.3 決　断

正しい決断をするには、予測がどこまで可能かということと関連がある。

一九七二年に、チューリッヒで行われた第三回国際霊長類学会大会に今西錦司岐阜大学学長（当時、国際霊長類学会副会長）と出席することになった（以下敬称略）。この大会の理事会への出席は、日本の霊長類学会にとってはことのほか重要だった。というのは、この学会の雰囲気としては、第四回はぜひ日本で開催を、と望む声が大きかったからだ。だが、日本国内ではまだ大学紛争の余波が残っており、会場や予算や各種委員会の組織化など、果たして円滑に運営ができるかどうか、まるで見通しが立てられないのが実状だった。

結論として、今西は「引き受けるべく、前向きで議論しろ」という。しかし出国前に開かれた日本での会議では、私は「次回二年後の日本での開催は現実的には無理だが、四年後の大会なら引き受けることは可能だ」と言い含められていた。

予想通り、チューリッヒの総会の雰囲気は、英国か日本かで意見が完全に真っ二つに別れた。投票に付され、採決はドイツの同僚たちへの根回しが功を奏して、日本の主張が採択され、四年後の開催ということになった。

今西氏にはかなり不満が残ったようで、宿に戻ったときに、いろいろと彼の人生哲学にまで話が及んだ。指導者もしくは責任あるものは、別れ道で決断すべき時には「迷いがもっとも危険だ」という。長年、探検や山登りを経験してきて、このような事態にはよく遭遇したものだという。学問や人生についても同じだというのだ。

「でも、その結果、選択をまちがえたなら?」と訊ねると、「まちがえたと気づいた時点で、すぐ考え直せばよい。その方が、決断を躊躇してチーム全体を危険に晒すよりも、犠牲がはるかに少ない」というのだ。大変貴重な人生哲学ではある。

別にこのことと関係があるわけではないが、ツルゲーネフは「人間にはドン・キホーテ型とハムレット型の二タイプがある」という。前者は事態に直面すると、迷うことなく快刀乱麻の如くてきぱきと処理し、外見上はすこぶる頭脳明断に思え、一方後者は頭のめぐりが悪く優柔不断に見える。だが、ここでいう「頭の良し悪し」は、頭脳の質の優劣とは本質的に無関係だ。単なる性格の違いにすぎない。

だが現実は過酷だ。情報不足や誤解から判断の結果や意見に相違を生ずる場合は別として、いずれも判断にはそれ相応の理由や根拠がありながら、正誤の違いを生ずるのはなぜだろうか。パースペクティヴ論とのかかわりも無視できないが、それ以外に、以下の事実も関係がある。

## 1.4　論理の階層化

生きとし生けるものにとって、自明のことながら自分の生を全うすべきであることはいうまでもない。その基本条件の一つとして、個体レベルでは性行動があり、種レベルでは繁殖戦略がある。その場合、繁殖戦略上、個体的な性行動が犠牲になることがよくある（利他行動）。個体と種はレベルが異なるがゆえに、繁殖戦略では多くの個体のなかから特定の個体だけを選別して、その性行動を助長し、その代償として多くの他の個体が犠牲になることがよくあるのだ。優生学的に適っているからなのだろう。このように、種の保存と維持のために、その構成メンバーである個体を犠牲にして種に貢献するのは、生物界ではよく見られる現象だ。

個体だけを見ていたら、その酷さにこれはまちがいではないかとさえ思えてくる。だから個体とその個体を含む集団とは、論理の階層（レベル）が違うことを無視してはならない。

同じことが、いろんな情報にも当てはまる。自然科学や社会・人文科学のどの分野でも、そこで扱っている情報に組織化が認められるときには、当然のことながら、そこには階層性が存在する。そして、階層の下位に位置するいろんな情報をすべて積み上げても、かならずしも上位の情報が得られるとは限らない。

たとえば、遺伝子情報がすべて解読されたら、生物の振る舞いが相当程度わかると期待されたものだが、そうはいかなかった。おそらく遺伝子情報のほんの僅かしか実際には利用されていないからだとか、遺伝子情報を必要に応じて読み出す仕組みが別にあるのではないかと考えられたりしている。しかしもっと可能性があるのは、情報の階層性の違いが絡んでいるからだ、と考えた方がよさそうだ。

論理の階層化ということでは、ケストラーが提唱した「ホロン」について理解しておくことが望ましい。これは「全体」と「部分」の合成語だ。どのようなシステムや組織でもサブシステムがあり、それらに対してはシステムや組織は全体として振る舞い、さらなる上部システムに対しては、部分（サブシステム）として目的論的に振る舞う。つまりシステムのなかで上に対しては部分の顔を持ち、下には全体の顔を持つというわけだ。会社や企業や軍隊の組織に当てはめて考えると、理解しやすいだろう。たとえば、ある課長は上を見れば他の課長と一緒になってある部長の構成員（部分）となり、下方を見ると多くの課長補佐や係長という構成員（部分）を抱えた全体になる。そしてホロンとしての機能を十分に果たすとき、そのシステム全体は潤滑に運営される。このホロンは生物体の組織構造であれ社会の構造であれ、システムを構成する組織では広く観察される仕組みだ。

## 2 科学や技術は究極的には人間を救済しない

政治・経済・社会のなかで、現代人は新しい倫理を構築すべく、否応なしに難問に向き合わされている。脳死や臓器移植、代理出産の可否その他に直面して、現代人はまだしっかりした倫理的結論が出せないまま、事態だけは進行している。これらはいずれも、今まで通りの倫理思想や自然の条理をはるかに超えた問題で、このままではとうてい解決できないものばかりだ。

二一世紀は人間の時代といわれている。科学や技術万能の思考パターンから、人間の精神や心に重心が移動してきた。今度は精神レベルの異文化的・宗教的衝突、国家レベルを超えて価値観の相違やグローバル化したテロ問題やエスニシティの衝突。いずれを見ても、従来の科学や技術のカテゴリーを大きく超えたものばかり。

だから科学や技術だけでは、とうてい人間の救済はできそうにもない。
では、最終的に人間を救済するものは何だろうか。その解答は、精神秩序のレベルで、もう一段上のメタ精神秩序系のなかに潜んでいるのではないか。

## 2.1 人類は向上進化の先頭にある

宇宙はビッグバン以来膨張を続けている。しかしここで、ビッグバン以前がどうだったかについては、想像する手がかりは皆無だし、考えたところで何の意味もない。スコラ的論議に終始するだけだ。つまり、ビッグバンこそこの宇宙の始まりと考えても差し支えないということだ。そしてそれ以来、物質秩序系、生命秩序系、精神・文化秩序系と進化し、さらには各秩序系はもっと細かいいくつかのミニ秩序系を内包しながら、全体として自然は向上進化を遂げてきた（図3−1参照）。

そのすがたは、一直線に連続的に進化してきたというよりも、節目ごとに質的に異なる段階へと、飛躍的もしくは不連続的に進化してきたように見える。つまり、線形的な進化というよりも、層序的・段階的な進化と見た方が適当だということだ。

すでに述べたように、この巨視的な秩序系の進化という見方は、表現や用語は同じではないが、H・スペンサー（1820–1903、前出）以来多くの研究者たちによって踏襲されてきたものだ。

だが、本書でわざわざ秩序系という言葉に置き換えたのには、理由がある。各秩序系は質的に異なる内容を持ち、不連続的に見えながら、その実、各内容どうしは密接な繋がりがあるからだ。

図 6-1　ガルクール，ヒマラヤ，ナンダ・デヴィ峰の稜線．(金沢大学鹿野勝彦教授提供．ナンダ・デヴィ峰登山隊 1976)

というのも、物質が土台となって生命が誕生し、その生命が土台となって文化的・精神的に活動する人類が誕生してきたことは、自然科学という座標軸のなかでは、まず疑いえないからだ。それはたとえば、同じ物質でありながら温度の変化により、気体や液体や固体に相もしくは秩序系を変え、物理的・化学的に性質を変えるのと似ている。次元とか領域とか段階などの用語では、中身のまったく異なる箱を積み上げたように、互いに断絶しているというまちがった印象を受ける。

人類はこれらの進化的な秩序系のすべてを経由して生きている。いいかえれば、人類はその物質秩序系や生命秩序系を内に包み込みながら、進化の頂点に立ったということだ。だから、人間は物質レベルや生命レベルの法則だけで説明しきれる存在ではなく、かといってそれらの法則をまったく無視した存在でもない。たとえば屋上から飛び出せば、物理的法則で落下する。

体内で進行している生理的な新陳代謝は、物理的・化学的法則に従っている。各秩序系は内部に多くの小秩序系を包含し、各秩序系や小秩序系はゲシュタルト的（九九頁参照）に連続している。

だがそれらの論理だけでは、人間の文化レベルの現象を十分説明できない。あえて試みると、ダ・ヴィンチがモナリザの絵画を描いた創作的意欲や動機を、生理学や解剖学で説明しようとするようなもの。あるいは明治維新という歴史上のできごとを、生物学や医学などで解き明かそうとするようなもの。そのような試みは、論理的過誤（カテゴリー・エラー）を通り越して、滑稽ですらある。

いうまでもないことだが、人類が進化の先頭にあるということは、完成度の頂点に立っているとか、生きていく上で形態的・生理的・行動的・生態的その他すべての点で、他の生物よりも矛盾なく優れているという意味ではない。たとえば一例を挙げると、形態の完成度という点では、昆虫類は進化の頂点にあり、これ以上の進化や改良は不可能に近い。それに比べれば人類はむしろ欠陥だらけの生物だといえよう。いいかえれば人類では改良や進化の余地は、まだ多く存在するということか。あるいは生物進化の先頭にあるということは、物質秩序系や生命秩序系を経由して、文化・精神秩序系の真っ只中にいるということか。この先は、場合によっては衰退への稜線に立っているということだろうか（図6-1）。

## 2.2　精神秩序系のレベルに達した人類

以上に述べてきたような壮大な自然進化の図式を別の目で見ると、しだいに複雑になり向上進化が進行し、加速性がいちじるしくなっていることに気がつく（図3-1参照）。

人類ではビッグバン以来、物質秩序系から生命秩序系へ、そして生命秩序系から文化秩序系へと、段階的にしかも急加速で向上進化してきたことがわかる。

このように概観してくると、現代の人類が、ひょっとすると生理的に環境の激変に耐えられなくなり、絶滅するということも大いにありうることだ。あるいは愚行による人類総自爆ということも、否定はできない。だがもし向上進化を期待するなら、自然進化の振り出し（素粒子や原子のレベル）にまで戻って、あるいは生命秩序系の単細胞生物にまで戻って、そこから再出発するというよりも、精神・文化秩序系から発進して次の新しい秩序系へと進化することの方が、可能性としてははるかに高いと思われる。

では、その秩序系とはどのようなものだろうか。

ごく大雑把に見て、ビッグバンは約一四五億年前、地球誕生が四六億年前、生命誕生が三五億年前、脊椎動物出現が大目に見て約五億年前、人類誕生がざっと四五〇万年前、人間（ネアンデルタール人）誕生が約一〇万年前、仏教（前五世紀頃）やユダヤ教・キリスト教（約二〇〇〇年前）やイスラム教（七世紀）、儒教や道教（前六世紀～前五世紀）などが誕生したのは、せいぜい三〇〇〇～一三〇〇年前の間のできごと。

もし、新しい進化のたびに、振り出しにまで戻っていたならば、これほど大きな加速化は不可能だったことだろう。つまり進化の加速性の秘密はここにある。

人類がはじめて道具を手にし、その道具を使用して生活範囲を切り拓き、生活の場を拡大しはじめ、文化秩序系のレベルに入ったのは、四五〇万年くらい前からのことだ。もちろん物質文化的な秩序系内での生活にも徐々に人間性もしくは精神の萌芽が、随所に見られるようにはなっていた。けれどもはっきりと、人類が人間性に目覚め、超人間的もしくは超自然的な力を感じ、それを信じはじめたのは、ネアンデルタール人以来のことといっても過言ではないだろう（江原　二〇〇一）。

いいかえると、そのとき以来人間の精神活動は、ようやく助走から離陸をはじめた。そして水平飛行に移行したのは、つまり部族宗教から世界宗教のレベルに成長し出したのは、大目に見てせいぜい八〇〇〇年前頃からのことだ。それは人類の全歴史から見ると、文字通り超一瞬の出来事だ。その超一瞬のなかで、人類は次の秩序系へ向かっての、新しい進化の局面に対峙しているというわけだ。

知や心つまり分別の始まりは、もともと生あるものが、よりよく生きることがきっかけだった。生を維持することでまず第一目的を果たした。それと重なるように、より快適に生きるべく分別は発達した。そしてその分別はいずれが食べられ、いずれが食べられないか、どうすれば安全に食物にありつき快楽に生きられるか、外敵の危険をどうすれば避けることができるかなど、生活に密着した経験から始まった。

そういう意味では、道具の工夫や製作や使用も、知や心の発達と絡まり合いながら発達してきたとみるのが正しいだろう。紀元前七世紀以降、まさに同時多発的にギリシャ、ペルシャ、インド、中国などで、申し合わせたかのように思想家たちが出現した。まさに不思議としかいえないほど、東でも西でも思索する人物が出現し、それを師と仰ぐ弟子たちが取り巻き、後世にも伝わるような思想を築き始めた。こうして生活知から独立して、知のための知が開花し始めた。物質文化や技術もその根底には人間の知的活動があり、精神とまったく切り離して考えるのは適当ではないかもしれない。だが、物質文化や技術が華々しくひとり歩きし出した歴史に比べると、ケストラーもいったように、人間精神の発達の歴史は進み方が遅々としており、おまけに圧倒的に短い印象を与える。だがこれは表面的な現象にすぎない。

## 2.3 精神秩序系の行き詰まりが見えてきた?

未来を予測するのに、性質や特徴の因果関係が比較的明らかな場合には、その分だけ予測もかなりしやすい。事象には機械論的に処理もしくは理解できるものと、そうでないものとがある。マックス・ウェーバーは前者を目的合理性、後者を価値合理性と呼んだのだ。

たとえば、コンピューターは第一号が誕生して以来、その発達はすさまじいものがある。一九六〇年代では、設置に六〇平方メートルほども必要だったコンピューターでも、今では一冊の大学ノートほどの大きさに収まってしまった。それ以来取り扱う情報量も厖大になり、コンピューターなしでは、とても処理できなくなってしまった。

さらに複数のコンピューター・システムを結合させることによって、まるで人体の神経網のように高度で厖大な情報の処理が可能になった。場合によっては、人間の情報処理能力をはるかに上回る。情報社会の到来だ。あらゆる情報は、瞬時にして世界中を駆けめぐり、世界はすっかり狭くなった。はるかアフリカや近東や南米あたりでのできごとも、あっという間に伝わり、ちょっと見には無関係に思えるいろんな情報も、深いところでは切り離しえない深いかかわりを持ちながら世界史は展開している。時空関係が、感覚的にも現実的にも、すっかり変わってしまったということだ。

このようにして、個人どうしの衝突や争いから、部族間の戦闘や国家間・民族間の戦争へと、争いや戦争の形態も大きく変化してきた。その原因も、些細な感情の行き違いや縺れから始まって、大小の利害関係、価値観や宗教観の違いなどが複雑に縺れ合って、その糸口を見出すことすらむずかしいほどにまでなってしまった。

ついには戦うべき敵の姿が見えないテロ集団との戦闘にまでなってしまった。

これらの難問を、果たして科学や技術だけで処理し解決することができるのだろうか。科学や技術といえども、それを操る人間がいて、そしてその人間の精神があってこそ、推進や制御が可能なのではないか。

かつてケストラーは、一九四五年をもって、Hirosima 元年（H元年。原爆投下の年を世界史の新しい始まり）とすべきことを提唱した。人類の長い戦の歴史から見ても、原爆投下は単なる物体や生物の形の変形や破壊でなく、物質や生命の根源の破壊を意味する。そのことを人類の記念すべき、いやむしろ記憶に留めるべき歴史的区切りの一つとすべきだ、ということで提案したのだ。

その彼は二〇世紀来の人間の科学や技術のめざましい発達に比べて、精神の発達はまことに貧弱であることを、むしろ悲観的に嘆いた。その貧弱な精神でもって、高度な科学や技術を操り駆使しようというのだから、危険きわまりない。そこで彼は前にも引用したように、人類の現状をいささか皮肉混じりに戯画化して、

「ダイナマイトの束の上に五～六歳の幼児を座らせて、マッチを持たせ、『坊や、そこでマッチをすると危ないからね』と言い聞かせているようなものだ」

といったのだった。物騒だが、昨今の現状はまるでその通りではないか。

生命倫理をめぐる遺伝子操作や脳死や臓器移植、疫病、食糧、人口、エネルギーや産廃やゴミ処理や環境汚染など、二〇世紀には解決できなかった深刻な問題がそのまま二一世紀に流れ込んできてしまった。大切なのは、これらの諸問題が根っこではみな繋がっていて一つだということだ。そしてそれらを直接コントロールできる精神とその論理がまだ未熟だということを痛感せずにはおれない。

しかし、視点を変えて精神の発達を見直してみよう。科学や技術つまり「物」の世界は目につきやすいし、

その効果や影響力は目立ちやすい。それに対して「心」の世界は気づきにくい。けれどもケストラーがいうほど、また私たちが考えるほど、人間の精神は微々たるものとは思えない面もある。いまかりに前者を「露わな次元」とすれば、後者は「隠れた次元」ということができよう。そして「物」と「心」という異質で秩序系の違う対象を、同じ座標のなかで比べること自体が適当ではない。物は量的に扱えるが、心は質的であって量的には扱えない。だから両者を同時に考えようとすると、大きなズレもしくはすれ違いを生ずることに気がつくはずだ。

つまり科学・技術と精神、このカテゴリーの違うものを、同じ秤に掛けて比べること自体、論理的にまちがっているといえよう。

前出のレマーネは講義のなかで、AとBの「比較」を行うには、両者が同じ質であることが重要だと、事あるごとに強調していた。そのたとえとして、Aの財布の中身は一〇〇個の一〇円硬貨、Bの財布の中身は一〇個の一〇〇円硬貨だとしよう。Aの中身は一〇〇〇円、Bの中身は一〇〇〇〇円。その貨幣価値は硬貨の材質や重さとは関係がない。それを個数だけ数えて比較したり、重さだけを計量してどちらが高価だといったところで、まったく意味のないことだ。それと同じように精神と科学や技術を直接比較したところで、あまり意味があるようには思えない。

次にこの問題にもう少し立ち入ってみよう。

## 3　人間は考える葦である

昨今の政治や経済や社会などの動向も、グローバルな視点で考えなければ解決できないものばかりになってしまった。その際に、科学や技術は物的秩序系を中心に発達させてきた。それらと密接に関連はしているが、政治や経済や社会はその発達度をそっくり量的に見ることはかなりむずかしい。さらに困難なのは、これらの外に位置する精神的世界の評価だ。

「人間には、完全なもの、理想的なものを思い描き、絶えずそれに近づこうとする本性がある。善きもの、美しきもの、完全なものへ近づこうとする本性がある。カントはこの傾向を人間の本性、「自由」の本性と考えた」（竹田一九九八）。

さらに人類は宇宙へと飛び出し、宇宙レベルで地球を考えることも可能だし、必要にもなってきた。これらのレベルを理解する人間の精神は、科学・技術の発達に比し、まるで比較できないほど劣っているとは思えない。

パスカルはライバルだったデカルトよりも、はるかに人間の精神活動を大きく評価していた。『パンセ』の中で、次の言葉がそれを裏づける。

「人間は自然のなかで、もっとも弱い一茎の葦にすぎない。だがそれは考える葦である。人間を圧し潰すには、宇宙全体が武装する必要はない。一滴の水でも人間を殺すのには十分である。だが宇宙が人間を圧し潰すときにも、人間を殺す宇宙よりも、人間の方が高貴だ。なぜなら人間は自分が死ぬことを知っており、宇宙が人間よりはるかに強力であることを知っているからだ」（パスカル　一六七〇）。

人類が最初の石器類や道具類を工夫し製作してから現代まで、文化の発達曲線を描くと、当初はヨコ軸にほぼ並行に走り、徐々に、きわめて徐々に、上向きになりはじめ、二〇世紀になると急速にカーヴは上向きに上昇し、ついにタテ軸方向と平行して無限大を指し示す。現代はまさにそれに近い状況だ、とイエズス会士テイヤール・ド・シャルダンはいう。

もし彼が生きておれば、「これこそが私のいうオメガ点（ω点）だ！」というかもしれない。彼はその時点で、人類は神と遭遇すると考えたのだ。

この考えが彼のその後の人生を狂わせた。彼の説は超越神である神と人間の合一論（つまり人間も窮極的には神になる）だと解釈されて、彼の晩年の大学における講義や出版、講演などの社会活動を教会から遮断された。だが、こうも考えられよう。つまり一神教で超越神信仰の代表であるキリスト教も、如来が人間に内在すると唱える仏教（たとえば真宗）も、登り口は違っても同じ山頂に達したということになる。

話を元に戻すが、このように概観してくると、人類の科学や技術も精神の発達も、精神・文化秩序系としてはほぼ行き着くところまで来てしまった。それらをそのまま進行に任せておれば、むしろ人類の危機を救済するどころか、危険な袋小路に追い込みかねない。

まさにホモ・サピエンスは険しい進化の稜線に立っているという姿が見えてくる。

しかも科学や技術の発達は、究極的には人類の窮状を救済するどころか、むしろ袋小路へと追い込みつつあるようだ。科学や技術には人類の深刻な危機を救う力はないようだ。

では他に人類を救済する方途は一切ないのだろうか。

## 3.1　人間の精神は果たしてそれほど遅滞しているのか

二〇世紀後半の優れた科学思想家ケストラーによれば、人間のすさまじいばかりの科学技術の発達に比べて、精神の発達は幼稚といいたくなるほど遅れているという。多くの思想家や文明の批評家の意見も、ほぼ異口同音といってよいだろう。私たち自身も、日々ひしひしと同じ現実感に襲われている。

でもなぜこの時期になって、まるで期を一にしたように、人間の精神のほころびどころか崩壊とまでいいたくなるような事件が、相次いで起きるのだろう。それもグローバルに、だ。

たしかに政治の未熟さ、経済の貧困、社会の歪み、教育の欠陥その他、さまざまな理由が挙げられ、論評が新聞の文化欄やテレビや討論会などを賑わせている。そしてこれらを突き詰めていけば、つまるところは人間精神の発達遅滞に原因があるということになりそうだ。ひょっとすると、人類の進化は終焉を迎えつつあるのではないか。

先に「生物が進化を必要とする場合に、振り出しにまで戻って、改めてそこから再出発するのではない。現に立っているところから先に向かって進化するのだ」といった。だとすると、人類の進化は類人猿や哺乳類のレベルにまで立ち戻って、そこから再進化するのではないことがわかる。つまり、精神文化秩序系からの進化ということになる。

人類は人類になったときから、つまり初期人類の出現以来、人間性への萌芽が見られた。そして旧人類（ネアンデルタール人）時代になって、人間化（ヒューマニゼーション）を遂げた（江原　一九九八「ハビリスに人間性の萌芽を見る」「自己というアイデンティティを決めるもの」参照）。それは人類史上、革命的なできごとだった。それ以来人類は精神文化秩序系に突入した。その時点ではじめて人類は死を知り、死の世界を思い巡らした。そしてその分だけ人間としての幅と深さがいちじるしく増した。

旧人ネアンデルタール人は、病者をいたわり、介護し、悼み悲しんで死者を冥界へと見送った。そこにはヒューマニティの芽生えすら感じられる。このようにして、どの部族でも霊の存在を信じ、祖先を崇拝し、やがてそれらの部族的な信仰は世界的な宗教へと発達した。

その宗教的な活動と相まって、その精神が彫刻や絵画、仮面や衣装や舞踊、そして音楽などとなって具象化し、形を残した。

一方で、猿人以来、精神的活動とも絡まり合いながら、複雑になった生活の内容に見合うように、石器その他の道具が発達し、狩猟も高度化した。農耕や牧畜が発達すると、それに伴う社会の仕組みやしきたりや儀礼や社会的機能を分掌する神々の数も増えた。

この頃までは、人間の精神レベルと物的生活や社会生活は、まだそれほどバラバラではなかった。両者は一本の縄のように撚り合わされていた。

ギリシャ時代も中葉以降になると、理性が重要視されるようになり、知と情が世界を分けはじめた。そのいずれも人間の精神の活動領域をいちじるしく拡大した。

精神生活を支えるものとして、グローバルに祖先崇拝や部族信仰のレベルを超えて、儒教や道教、神道、ヒンズー教、仏教やキリスト教やイスラム教などが人々の間で広がり、いずれも道徳や人間の社会行動の基層を築くのに大いに貢献した。

しかしいずれの部族や集団でも、そしておそらくネアンデルタール人たちの間でも、倫理や価値観や道徳や行動の出発点は、詳細に調べたわけではないが、民族学や民俗学のデータや報告から推測すれば、いつも各部族の祖先崇拝や部族信仰から端を発したらしい。

もともとカテゴリーの違うもの、つまり科学・技術と精神文化を同じ座標軸において、その発達度を比較すること自体無謀な話だ。だが頻繁に両者が比較されるので、一種の思考実験として、科学や技術の世界と比べて、隠れた次元である人間の精神はそれほど遅れていないのではないかという観点から、公平に歴史を見直してみよう。もし遅れているというならば、それは科学・技術と精神が社会生活に及ぼしている影響の仕方や大きさが違っている所為だといえるかもしれない。だがいくら科学や技術が長足の進歩をしていても、ひと飛びで十万八千里を行くという超高速の觔斗雲《キントウン》に乗って飛んでいた孫悟空が、気がついたら依然としてお釈迦様の掌の上にいたという話のように、所詮は精神を超えることはできないだろう。科学や技術は人間の所業であり、人間という掌がなければ科学や技術も一場の夢と化してしまうのが落ちなのだ。

## 3.2　「意識」の時代的成長と文化のうねり

世界史をちょっと紐解くだけですぐ気がつくが、視点をどこに置くかによって、時代の変革の節目、切れ目の位置も違ってくる。しかし、人により多少の違いはあるにしても、人間の意識や考え方や価値観などの変化にほぼ共通の区切りがあることはたしかだ。石器の製作技術の進歩一つ見ても、その製作者の意識や精神の共通の活動レベルが読み取れる。

ここでくり返しになるが、人間の意識変化に大きな影響を及ぼしたと思われるいくつかの世界史上のできごとをざっと見てみよう。たったそれだけで、見終えたときに通り一遍な年表史と違って、きっとある種の感慨が沸き起こってくるはずだ。人文系のトレーニングを経験された読者諸氏なら、私以上にもっと大きなシフト点をいくつも発見されることだろう。

厄介な意識の定義などは別にして、まず、旧人ネアンデルタール人からはじめよう。彼らは死の世界を発見した。それは人間化（ヒューマニゼーション）にとってたいへん大きな意識的変革だった。世界が広く深くなり、おまけに過去や未来にまでその意識や認識の世界は広がっていったからだ。さらにネアンデルタール人たちの間では、すでに死後の世界や霊の世界を信じていた。祖先や一族の人間を死後には埋葬する習慣が広まっていたからだ。また原人たちでは一切見られなかった護符の類がいくつも発見されている。これなども霊の世界の意識と深く関係している。

かくして人類は、パスカル流にいえば、「一本のかよわい葦から宇宙を越える高貴な精神」を持ち得るきっかけを掴んだ。

それ以来、各地に広く分布している各部族は、例外なく祖先神や部族神を持ち、信仰心を育んできた。すでに述べたように、その試みが血縁や同族の結束を強化することにも繋がった。さらに重要なことは、同族内ではメンバーとして「いかに行動すべきか」、「何をしてはいけないか」という、集団の掟も形成された。それは社会的動物にとっては別にむずかしいことではない。かりに実証されていなくても、掟の存在は十分推測できることだ。たとえばニホンザルでさえも集団内では、序列やテリトリーを守るべく社会的な掟が厳然として存在している。

新人類（クロマニョン人など）になると、かなり抽象的な思考もできるようになっていたらしい。というのも、石器類は使用目的以外にさまざまな装飾を施し、美的センスを投影させている。それだけではない。指揮棒や投槍器などの骨器や角器には、装飾として盛んに抽象的な幾何学模様が刻み込まれたりしているからだ。いずれにせよ、彼らの原始宗教が、やがて大きな産みの苦しみを経て、三〇〇〇年前頃からキリスト教やユダヤ教、イスラム教、仏教、道教などのような世界宗教を生み出す母体となった。

西暦紀元前後の頃は、洋の東西を問わず多くの思想家が出現し、「自分とは何者か」「人間とは何か」「人間を超えた存在つまり神とは何か」「情動と理性はどちらが上位か」などが活発に問われるようになった。

信心深い中世を経過して、ルネッサンスでは人間の思想や芸術や精神などに大転換を生じた。永遠や不変や無限や絶対を象徴する神やそれを追求する人間の精神的努力つまり理性に対して、人間の持つ情欲を低俗なものとして抑圧してきたが、むしろその人間性を尊重しヒューマニティが強調されるようになった。人間復興と呼ばれる所以である。

その後も意識の重要な転回が見られる。「地球は丸い」という認識だけでも、人々が朝な夕なに仰ぎ見る太陽や月や星々についての見方や考え方を、根こそぎ変えることが必要になった。太陽や月は人間が立っている地球を中心に運行しているというのがそれまでの考え方であり、神の摂理にも合致するものだった（天動説）。それを神の意向に反して、地球の方が他の星々といっしょに太陽のまわりを運行しているというのだ（地動説）。

この認識の転換は、人間の信仰や思考から見て、古代ギリシャ以来の説が否定され地動説が完全に証明されるまで、つまりコペルニクスからニュートンまでの約一五〇年を要した。

つまり何でもないようだが、この革命的な見方や考え方への切り替えや主張には、文字通り貴重な人間の生死がかかっていた。この発見者ポーランドのコペルニクス（1473–1543, Copernicus, N.）は、当時のキリスト教会への影響を怖れて、みずからの死の間際まで自説を公表しなかった。また、イタリアの物理学者ガリレイ

図 6-2　15～6 世紀のヨーロッパでは，地の果てに，さまざまな伝説的な異形人がすんでいると考えられていた（1493 年に描かれた絵）.

（1564-1642, Galilei, G.）は自説を曲げないために、宗教裁判に付された（その際「それでも地球は動く」と言ったエピソードは有名）。

一八世紀はまだ、自分たちが住んでいる土地はどこまでも平坦に広がり、その端が存在するという考えが一般的だった。その地球の果てにはおそらく異形人（図 6－2）が棲んでいるだろうと想像されていた。有名なリンネ（C. von Linne, 1707-1778）でさえも、はじめのうちはまだ未知の人類として、その異形人の存在を信じていたほどだ（図 6－3）。

その当時は、人間だけは創世記以来、神でもなく動物でもなく、神と動物の間に位置すると考えるのが主流だった。だが、リンネは『自然体系第一〇版』（1758）で、ヒトもイヌやサルなどと同じように、動物界の一員だと喝破した。そして他の生物一般と同じように属名と種名を併記して、ホモ・サピエンスと命名した。そしてその定義として、ソクラテスの座右の銘を引用して「人間だけに付与された理性で、みずからを知る能力を持つ」動物だとした。この認識の転回も、今にして思えば当たり前のことかもしれないが、当時としては文字通り驚天動地の主張だったはずである。

やがてイギリスを起点に、現代社会の原点ともいえるほどの大変革、つまり産業革命の波が広がり（一八世紀中頃）、その前と後では社会はおろか人々の日常の生活も、思想や価値観までもがすっかり変わってしまった。

一九世紀には進化の思想が誕生し、神による創造説を否定し、どの生物も進化のメカニズムによって誕生し進化してきたのだ、と考えられるようになった。

当時はまだ夜空を規則正しく運行する星々にも、神の摂理が働いていると考えられていた。季節の移り変わりとともに、芽を出し、花を咲かせ、種子は地に落ちて翌年ふたたび芽になることも、体内で胎児が育ち、生まれ落ちて成長し、やがて次代の子どもを産み落とすことも、すべて神の摂理だった。しかし、それらのいずれもが因果の法則で説明ができ、神の入り込む隙間がなくなってしまった。

二〇世紀になって、第一、第二の世界大戦を経験することにより、ふたたび人々の意識や精神、価値観や思想も大転換を遂げた。

とくに第二次世界大戦では、陸・海に加え、歴史上未曾有なことに、新たに空からの攻撃が爆撃力と相まって大きな主導的役割を果たした。それまでは難攻不落であった要塞も、空からの攻撃にはひとたまりもない。そしてついに原爆が登場した。それは物の破壊だけでなく、物質の根源の破壊という点で、戦争の質を（抑止力も含めて）大きく質的に変貌させた。こうして戦争は相手への攻撃手段を少しでも優位にすべく、科学や技術が総動員された。

図 6-3　40 歳頃の C. リンネ．動物分類学の基礎を築く．

科学の分野でとくに物理学の領域では、二〇世紀に入って、アインシュタインの相対性理論の発見を皮切りに、素粒子物理学の発展はめざましく、従来のニュートン的・古典的論理だけでは、素粒子の力学的現象などはとうてい理解できないところにまで拡大された。光は粒子か波動かといった二分的思考は通用せず、粒子性と波動性の性質を持つ。かと思うと、ハイゼンベルクの不確定性原理が示すように、粒子の位置と速度は同時に確定することはできない。それは観察者がいずれを確定するかによって決まってくる。

この事実は、これまでのように私たちが自然を客観的に観察する観察者ではなく、自然とひとつのセットとなった関与者と考えるべきことも示唆している（Ⅲの4.5参照）。ベイトソンも科学者として第三者的な観察者でなく、常に関与者として考察することの大切さを強調してきたが、ここで両者の立場は一致している。

量子力学（素粒子物理学）では、素粒子はある大きさを持った粒子として存在するのではなく、観察する側のありようによって影響され、粒子的であったり波動的であったりする。だから私たちは、客観的に自然を観察したつもりでいるが、実験装置を通してみた自然をいっているのであって、文字どおりの客観的存在を観察したわけではない（ハイゼンベルク）。このことは、ニーチェがかつて、「客観的事実など存在しない。あるのは自分の目を通して見た事実の解釈だけだ」と断じたが、まさに同じ地平に立った考察だといってもよいだろう。

二〇世紀のほぼ主流になったフッサール（E. Husserl, 1859–1938）の現象学的還元という考え方も、「主観の外側に客観的な事物や世界が存在しているかどうか、またそれが如何にあるかについては知る術もないゆえに、一切考えないことにする」と主張する。だから、一切の対象や世界をどう考えるかは、主観的連なりのなかだけで成立するというわけだ。

これらの一連の考え方は私たちに対して、もはや無邪気な科学主義や技術至上主義は通用せず、関与者であるべく、その科学思想の土台のところできびしく再考を迫られたということを示している。これは興味があることだが、七世紀以来の唯識論が主張していることと、いちじるしい類似が認められることには、もう少し注目してもよいのではなかろうか。

いずれにせよ、このようにして二〇世紀後半つまり第二次世界大戦後は、人類史上まったく未経験で、未だに出口の見つからない精神的ジャングルの中に迷い込んでしまった。

人類にとって重要な環境問題や食糧問題、人口や疫病問題、政治や経済などは、もはやかつてのように、一国家だけでは解決できず、国家間の協調やグローバルな視野が不可欠になってしまった。このような深刻な状況は、人類がこれまでの世界史のなかで遭遇したことがあるだろうか。

特筆すべきはケストラーも指摘するように、第二次世界大戦では初めて原爆が使用されたことだった。思うに、原爆をはじめ核兵器の出現はケストラーならずとも、人類の進化の終焉を予兆するサインにもなりかねず、その意味ではまさに「人類の犯罪性」を象徴するものである。これを機に戦争の概念は大きく塗り替えられたといえよう。

一九六〇年代に入るや否や、人類は宇宙に飛び出し、人間の宇宙に対する現実感が著しく変わった。月面に靴を履いた人間が降り立ったのだ。

たしかに第二次世界大戦後の世界の情勢、人間の時空に対する変化は著しいものがある。私個人の日常的経験でいえば、東京・大阪間の距離感覚は東海道線夜行の急行で夜大阪を出発して翌日早朝に東京に着くという感覚だった。三年足らずのドイツ滞在から帰国したときには、すでに新幹線が東京・大阪間を頻繁に往復していた。その新幹線にはじめて乗車して東京に向かっていたとき、車窓の左に富士山が見え、もう三〇分足らずで東京に着くのだという時間感覚や距離感覚がどうしても理解できなかった。東京に着いてからも、まるで狐に摘まれたような感じがどうしても払拭できなかった。

霊長類、とくにゴリラやチンパンジーなどの高等霊長類の研究が進み、進化史的・分類学的にこれらの霊長類はむしろ人類の側に位置すると認識されるようになった。サルとヒトを分けるルビコン河の此岸にゴリラ・チンパンジー・ヒトが立っているというわけだ。興味本位ならいさ知らず、本気ならかなりショックな話だ。

それどころか、一八五九年にダーウィンの「種の起源」が発刊されると、カンタベリー僧正の奥方がショックのあまり、婦人教団の席上で、「あのグロテスクなゴリラの祖先と私たちの祖先が同じだなんて！　そんなことがないように、皆さんで祈りましょう」といったエピソードは、真偽は別として有名だ。それが今ではゴリラやチンパンジーとヒトが、分類上同じ人類に含まれるとは……。このことを大僧正夫人が知ったなら、気つけ薬を必要としたことだろう。

このようなことを考えると、二〇〇〇年来、人間はすさまじいほどの意識改革や精神革命を強いられてきたものだ。少な目に見積もっても、コペルニクス以来人間はどれほど意識の変革の波に洗われ、それに耐え、受け容れ、乗り越えてきたことか。

これらの事実を、次のように考えてみるとわかりやすい。

今かりに釣竿一本担ぎ、玉手箱を小脇に抱えた縄文人か弥生人の浦島太郎が、いきなり航空機の離発着で超混雑している国際空港のど真ん中に立たされたとしよう。自動車で空港まで来る人去る人、一歩空港内に足を踏み入れると、どこからともなく聞こえてくる空気を震わせるようなアナウンスの声、見た目には自分と変わらない同じホモ・サピエンスがひしめき、着ているものは上から下まで見たこともない出で立ち、喋っている言葉はまるでちんぷんかん、小さな装置（携帯電話）を耳に当てて話している人々。少し離れたところでは怪物に近い巨大な航空機が、建物も震わせるような轟音とともに空から舞い降りてきたり空へ飛び立ったり。おそらく浦島太郎はその場で立ちすくむどころか、卒倒してしまうことだろう。

このような日常的な時空を遙かに超えた経験、宇宙的規模でのできごと、毎日五〇キロ近い移動をしている日常生活、江戸時代の「一〇年一日の如し」が現在では「一日一〇年の如し」。そういう歴史的・文化的公約数の上に現代人は生きている。

もしそのような時空的環境生活に適応できないとき（二四三頁の学習Ⅲの世界に飛躍できないとき）には、どうなるか。ところがこの出口が固く閉ざされ閉じ込められたような心理的イライラ感と逼塞感が、生活をぶっ壊す無条理な行動として、さまざまなできごとを引き起こしている。これが現代の世相だといえないか。その流れのなかで、その変革のあまりの大きさに、今日の社会的な崩れや日常生活の破綻を生じているとみることも大切なのではないか。

しかし少し楽観的に考えると、前述のようにホモ・サピエンスは歴史時代以降に、これ以上に大きな時空経験を何度もくり返し、意識的・精神的に処理してきた実績も持つ。そう考えると、人間の科学・技術の発達もいちじるしく大きいが、意識や精神もよくここまで許容し成長してきたものだと、改めて感心する。

## 3.3 異邦人ならぬ異質人の出現

生物は安定状態にあるかぎりは、その言葉が示す通り変化つまり進化も退化も生じない。だが、昨今の文化的・社会的状況を見るかぎり、それは激しく動いていて、なんらかの処置が加えられないかぎり、このままでは人類は適応できずに絶滅への方向へと歩みつつあるような危機感すら覚える。

文明や宗教などの衝突、教育や社会問題、原・水爆、地球温暖化、食糧、人口、疫病、エネルギー、産廃やゴミ処理や環境汚染等々、いずれも深刻な問題を内部に抱え込んでいて、すっきり解決する道筋が見えてこない。このいわば物質文化的行き詰まりは、処置を誤ると、大げさでなく人類の存続問題にまでかかわってくる。

これらの問題を通覧すると、いずれも根本的に解決できる指針は、科学や技術の側からは得られそうもないことが見えてくる。つまりこれらすべてが究極的には、人間の精神の側の問題なのだ。科学や技術が人間をコントロールするのでなく、科学や技術を操る人間の側に主導権があるということだ。ということは、その解決策は道徳や倫理や宗教などの行動原理に求めざるをえない。

産業革命の前と後で、日常生活は大きく影響を受け、それにつれて人々の意識も変化した。日本では幕末の動乱を経て、明治維新を経験した人々は、江戸時代とはまったく違ったパラダイムのなかで生き、現代人としての意識を持つようになった。現代人は第二次世界大戦の前と後では、生活の内容もものの考え方も、まるで異質的といってもよいほど短期間のうちに大変化した。あるいはまた、宇宙へ飛び出すようになった人類は、コロンブス時代の地球概念とは大きく異なる世界意識のなかで生きるようになった。

これらはすべて、人類の向上進化のなかの精神秩序系での意識変革を意味する。だが、人間のこれほど大きな意識変化も、それに比例して変化の前と後で、たとえば頭が大きくなったとか、容貌がすっかり変わったとか、身長が目立つほど高くなったとか、いずれもほとんど気がつくほどの外見上の違いは生じていない。ここにこの問題のむずかしさがある。

たとえば今から五万年ほど後世の街角に立って、その時代の人間とすれ違っても、まるでお互いに異質の人として気がつくまい。しかし意識の中身は縄文人の浦島太郎と航空機の操縦士くらい大きく違っていて、異邦人（ホモ・サピエンス・サピエンス）どころか異質人（ホモ・サピエンス・フトゥルス、未来人）と呼ぶ方が相応しいくらいなのだ。

## 3.4　進化の稜線に立つホモ・サピエンス

異質人と化しつつある現代人が、今おかれている姿を進化の流れのなかで眺めてみると、まさかと思われるかもしれないが、ここにきて現代人としての人類はふたたび精神・文化秩序系の高くて分厚い壁に突き当たってしまって、動きがとれなくなってしまったかのようだ。ということは、その状態から脱して一段高い段階に立つか、それとも衰退・絶滅への道を行くかのいずれかしかない。つまり人類は大きな進化の壁に突き当たって、進むべき道の選択を迫られているというわけだ。その際、多くの過去の生物たちが地球上から姿を消していったように、絶滅への道を行くか、それを避ける新しい道を選ぶかの二者択一しかない。前者では選択の必要もなく、成り行きに任せて放置しておけばよいが、後者の道を選ぶには、これこそきわめて人類的・人間的な方針の見極めと意思と決断を必要とする。

生物は現状が不安定になってきて、適応的になんらかの新しい対応をしなければならなくなったとき、「生」を維持すべく戦略的に選び取ってきた道は、階段を一段上がるように、向上進化するという道筋だった。その具体的な実例はいくつもあるが、ここではわかりやすいという意味で、一例を示しておこう。もちろん哺乳類のなかで霊長類に分化し、霊長類のなかで夜行性の原猿類から昼行性の真猿類へ、真猿類のなかで類人猿や人類へとドラスティックな進化を遂げてきたそのきっかけは、いつも危機を避けるという選択があったことは想像に難くはない。ここではだれもがよく知っているシーラカンスの一例を示しておこう。

約一億五〇〇〇万年前頃の白亜紀に生息していた魚類シーラカンスが、今でもコモロ諸島近海に棲むことが知られている。彼らは現在の環境下で、安定して生きており（安定進化）、安定状態にあるのであれば、べつに現状を変化させたり進化したりする必要もない。変化が要求されるときは、「今のままでは生き残れなくなった」という一種の危機状況を意味しており、手を打たなければ、その生物は死滅する。それ故進化して危機状況を脱するか、絶滅するかの二者択一以外に道はなかった。

彼らのうちのあるグループが直面した危機は、おそらく当時の激しく変動する気候が原因で、棲んでいる水溜まりが減少して過密状態になったのかもしれない。あるいは餌にありつくことが困難になったか、天敵が増えたのかもしれない。直接的原因はともかくとして、彼らのなかのあぶれ者は、隣の新しい水溜まりを求めて地上の泥の上を這っていったことだろう。この訓練が地上生活のトレーニングになった。水を求める動機が、皮肉なことに水から離れるきっかけになったということか。鰓呼吸から肺呼吸や皮膚呼吸へ、さらに水中の浮力の助けがなくなるので、それに対する骨格系の強化、その他多くの改良が必要だったことだろう。まるで推測だけがひとり歩きしているようだが、化石で見るかぎり胸鰭や腹鰭に四肢の原基が育ちはじめていた。オタマジャクシからカエルへと変態し、繁殖ではふたたび水溜まりに戻る両生類の生活史などを見ていると、おそらくこれに似た状況で水生から陸生へと革命的進化を遂げたと推測したくなる。皮肉なことに、進化の上では最適者が居座り、あぶれ者がやむなく現状を脱出して新しいニッチ（niche：生態的生き場所）を築いた。それが進化のきっかけになったといったケースが意外に多い。

実をいうと、ここに挙げたような水生から陸生への向上進化に匹敵するほどの意識的・精神的変化を、人類は幾度となく経験してきている。これが身体的進化なら、かなり大きな外見上の変化を伴っているだろうが、精神や意識の変化は、外見上目につくほどの変化が見えてこないのが特徴だ。もしそれを目に見える変化に置き換えると、たとえば頭頂部にトサカが生えてきたぐらいの大きな変化に匹敵することだろう。

変化はまだ続く。二〇世紀後半以来の科学や技術の目を見張るような発達や、それに伴う社会的・経済的生活の質的変化は指摘するに値しよう。かつて一八世紀半ば以降に、産業革命によって人間の生活が大きく変化したが、日本では明治維新がその産業革命に匹敵する。だが、現在、つまり第二次世界大戦後の日本の政治・経済・社会及び日本人の意識的パラダイム・シフトにはそれ以上のものがある。

そして依然として「物」と「心」の乖離とその溝は、大きく深くなりつつある。この実状を指して、前述の「ダイナマイトの上にいるマッチを持った子ども」の例のように、ケストラーは人間の知と情の発達のアンバランスを憂えたのだった。

この不安定を脱するには、新秩序系へと向上進化するか衰亡の道を選ぶかのいずれかしかあるまい。

## 3.5　メタ精神秩序系の世界へ

ここで改めて、新しい秩序系へと向上進化するか、衰亡と絶滅への道を選ぶかという問題が提起される。後者は砂浜での砂の塔が波に洗われるように、エントロピー増大に委ねればよいだけのことなので、ここで論ずるに値しないだろう。

では、どのようにこの難局を乗り越えて、新秩序系へと向上進化できるというのだろうか。

人類の危機を救う道は、このような状態にまでいたった今までの文化秩序系、とくに物質文化やそれをリードしてきた科学や技術のなかには見当たらないし、あったとしても当てにはなるまい。というのも、物質文化とくに機械文明の発達は収斂に向かう性質が強く、収斂性は一極集中化しやすい。それに対して、精神文化は放散的性質を持ち、一極集中とは反対に、多様化し異文化の存在に対しても許容的だ。人類の危機を救う道は、このような多様性を持った精神文化秩序系の発達のなかに見出せるのではないか。

かつてケストラーも慨嘆したように、たしかに人間の精神は科学や技術に比しアンバランスに発達が遅れているように見える。だが実際には精神の遅滞というよりも、日常生活への影響力の低下というべきだ。

しかしそのような精神文化秩序系が、さらに高次化したメタ精神秩序系に飛躍する以外に、人類の生き延びる方途はなさそうだ。

ではそのようにして到達できるメタ精神秩序系とは、具体的にどのようなものなのだろうか。すでにその芽は発芽しているともいえるが、いずれがやがて花を咲かせる芽であるかを見分けることはむずかしい。だがおそらく現在のさまざまな世界宗教から、さらに脱皮した新しいメタ宗教の姿を想像すればよい。

三〇〇〇年来、ようやくにして優れた世界宗教が発達してきたが、特定の宗教人は別として、人類は今もってそれらの閉鎖的な宗派による争いから脱しきれていない。あるいは依然として人間の性《さが》をむき出しにしたような、血で血を洗う戦闘が世界の各地でくり返されている。人間の心を救うはずの宗教が、異端だとか正統だとかというだけで人々を闘争に駆り立てる姿を見ていると、つくづく宗教自身も脱皮しなければならない多くの課題を抱え持っているとさえ思いたくなる（多分にそうだろう）。

人間が行動するには、まず動機や衝動が先立つ。さらにその動機や衝動を決定づけ、あるいは規制するのは、価値観であり精神規範であり、道徳や倫理であり、それらを包み込む宗教観や伝統などだ。

ちょっと、心理的に考え直してみよう。たとえば、新石器時代の人間、古代や中世の人間、あるいは産業革命の前と後の時代の人間など、すべて同じホモ・サピエンスであることに変わりはない。けれども、その時間・空間的生活環境や文化環境から受ける影響や意識の変化は、その大変革を経験した前と後とでは、外見は同じ人間でもまるで異質人どうしほどの違いがある。とても同質とは思えない。同じ日本人どうしでも、世代が違えば価値観や行動や地理的・時間的感覚がまるきり異なる。異邦人というより、まるで異質人だ。

## 3.6　異文化を超えて

まだ声としては弱いが、今ようやくにして皮膚の色や言葉や信条、国や民族による政治や経済などの壁を超えて、たとえ異文化的であろうとも、国際社会の相互依存関係をいよいよ緊密化させるグローバリズムやその精神の重要性が強調されはじめた。新しいメタ精神秩序系の芽生えである。この秩序系では、さまざまな異文化性について、いずれが高等でいずれが劣っているかといった見方は通用しない。

国際紛争や戦争を概観すると、異文化やエスニシティの相違がその根源にあり、それが時代とともにはっきりと変わってきた様子がよくわかる。二〇世紀だけを例に見ていくだけでも、その性格が大きく変化してきた。二〇世紀の産業発達を支える石炭や鉄などの資源確保のために、資本主義思想と社会主義思想の衝突から勃発した第一次世界大戦、人種的・異文化的差別などを背景に、世界の各国を巻き込んで起きた第二次世界大戦……。だが、今はどうか。イスラエルとパレスチナの紛争、イラクにおける湾岸戦争、アフガン戦争、アジアやアフリカの各地における地域紛争などは、背後には石油などの資源確保があるが、人種や民族による異文化的衝突というよりも、むしろ宗教・宗派中心の色彩が濃くなってきた。そしてますますテロリズムの様相を帯びてきた。

テロリズム（テロ）の定義はむずかしい。国際法上の定義は存在しないといった方がよいかもしれない。あえていえば、政治的・社会的・宗教的などの目的を持った無差別な暴力行為と考えられている。あるいは「影の戦争」として、国家自体が政治目的を遂行すべく相手に対して損害や打撃を与える国家テロや、多数国の市民や地域が絡んだ国際テロなどもある。

その動機は経済的・政治的動機もあるが、それらは歴史的・文化的・宗教的なものとからみ合って、複雑で思想的なものが多い。むしろ、為政者は経済的・政治的利害関係を歴史的・文化的・宗教的なものにすり替えて、大衆を煽動している気配が強く感じられる。

このようなグローバルな、まるで終末論や黙示録のなかに出てくるような世界を救済できるものは、科学知識や技術や資源などよりも、人間、それも人間の精神以外にない。国際間の不和や紛争の第一原因が貧困にあるがゆえに、貧困の撲滅こそが大切だといわれるが、果たしてそうだろうか。物質的にはさほど豊かでないが、精神的安らぎと心の安定した生活を送っている少数民族や部族がいることを思うとき、産業革命後の一種の麻薬に似た物的豊かさに幻惑されるようになったのではないか。

## 4 信仰の超宗派的原点

山頂は一つだが、その山頂にいたる道は一本とは限らない。神仏の信仰への道も、これに似ている。理論的に行き詰まっても、認識論的に動きがとれなくなっても、その時点であるときふっと信仰の境地（本書の用語に従うと、メタ精神秩序系）へと飛躍することがあるらしい。

本書の冒頭で掲げたさまざまな現代社会の病理の実例を通覧して、共通して欠落しているのは精神的教養もしくは宗教的素養だといえるかもしれない。かといって、僧職にある人がすべてこの条件を満たしているわけではない。誤解を避けるために言い添えておくが、ここでいう宗教とは、既存の特定の宗派を指すのでなく、それらから脱皮した超宗派的な新しい姿のメタ宗教のことだ。

しかしいずれにせよ、ひとたび信仰の境地に達すると、山頂にいたる登り道がキリスト教やイスラム教であれ仏教であれ、それぞれ違っていても、山頂では会得する世界が同じようだと思われる。

仏教徒が集まって仏教文化圏もしくは仏教文化秩序系を形成しているように、キリスト教徒やイスラム教徒たちもそれぞれに、キリスト教文化圏やイスラム教文化圏ないしそれぞれの秩序系を形成している。それらの教義や宗派の狭い壁を超えた、だれもが直接神仏と向かい合えるような（あるいは感じ合えるような）宗教であることが望ましい。

ここで用いた仏教文化圏とかキリスト教文化圏、イスラム教文化圏という空間的・分布論的用語は比較文化論や人文地理学や民族学などで広く利用されるもので、秩序系という用語とは意味はほとんど同じだが、秩序系の方は機能的意味合いを持ち進化的性質をも包み込んだ表現だと考えればよい。

その人間の精神秩序系をG・ベイトソンの学習理論によって、その成長過程を考えてみよう。

## 4.1　学習Ⅱの行き詰まりと学習Ⅲへの飛躍

梅干しという言葉を聞いただけで、じわっと唾液が滲み出てくる。なぜだろうか。これは梅干しの酸っぱさを過去に学習（経験）したことがあり、それに対する反射的な行動である。このような行動を、発見者の名を取ってパヴロフ的反射という。このようなレベルの学習には、以下に述べるように四種類があり、いずれもべイトソンはまとめて原学習（学習Ⅰ）と名づけた。
さらにベイトソンは学習Ⅱと学習Ⅲの段階をイルカの行動実験を通じて確認し、その法則が人間にも当てはまることを発見した。以下にその学習の三段階の概略を述べておこう。

学習Ⅰ（原学習）

1　自分の行為が積極的に関与しないパヴロフ的学習。梅干しと訊いただけで唾液が出てくるような受け身の反射行動。
2　何かをすることで報酬が得られる道具的学習のコンテキスト。たとえば、イルカがある芸をすると、餌が貰える。そのコンテキストを学習したイルカは、餌が欲しくなるとその芸をする。道具的反射という。
3　たとえばネズミが一定時間内に棒を押さないと、電気ショックが与えられる実験で、それを避けようとする道具的回避の学習コンテキスト。
4　たとえば単語Aを言ったら、次にかならず単語Bを言うように強化される「反復学習」のコンテキスト。

学習Ⅱ（メタ・メッセージの学習。日常世界ないしリアリティはこの経験で構成）

ベイトソンは、イルカの観察で刺激がくり返されるうちに、これらの学習Ⅰによる反射的行動が次第に速くなることを発見した。つまり彼はイルカの実験を通じて、学習者が原学習のコンテキストの性質を発見し理解したからだということを知った。そしてコンテキストが継続するものだと予測する習慣を身につけた。いわば学習することを学習したことになる。

学習Ⅲ（メタ・パラダイム）

1　学習Ⅱの破綻や行き詰まりから脱却するのが学習Ⅲ。人間の場合は、個人的に新しい世界観やパラダイムを持つとか、宗教的回心（悟りの世界）とかをいう。一方でカルト的になるとか、フラストレーションやノイローゼや分裂症的世界に入るのも、このカテゴリーに属する。

2　超急激な時代的・歴史的あるいは社会的変化に適応する大衆的な意識改革として、学習Ⅲ－2を追加しておきたい。

従来の学習Ⅱの生活意識では、時代の超急激な変革についてゆけず、その行き詰まりや破綻から脱却するのが歴史的学習Ⅲ－2。たとえば産業革命以前の人間の生活意識（学習Ⅱ）では、あまりにも急激な社会変化のために、学習Ⅲ－2へと飛躍せざるをえなくなる。情報化の進展した現代のＩＴ革命とも呼ばれる情報社会への適応も、功罪含めて同様。

現在の日常生活、情報社会への不適合から脱出して学習Ⅲ－1や学習Ⅲ－2に飛躍できない人が、昨今のさまざまな社会的事件を引き起こしているともいえる。

前記の区分で、私たちは自分が住んでいる世界を、リアリティだと学習し認識している。その世界はほぼ学習Ⅱで構成されている。しかしそのリアリティがいたるところで破綻や矛盾を生ずることが多い。さほどダメージをもたらさない程度のほころびならよいが、どうしても現実世界と両立しえない状況に陥ることがよくある。

このようなときに、往々にして学習Ⅱの日常的リアリティから、学習Ⅲへと飛躍することがある。イエスがキリストになり、釈迦がブッダになったように、また身近な例でいえば日常経験の世界（ベイトソンの学習Ⅱの世界）から学習Ⅲの世界へと飛躍する。それはたとえば、日常の精神的・心理的行き詰まりから、あるいはいつも気がかりだった事柄から、ある瞬間にふっと「あ、そうだったのか！」と、まるで別の世界が見えてくるようなことをいう。

このような学習ⅡからⅢへの変化は、いわば個人的な精神の変化だ。一種の悟りといってもよいのかもしれない。

しかし個人レベルでなくても、文化的にある瞬間に、まるで臨界点を超えるような時代的な流れと史的な変化があり、その時代の人びとの意識も後戻りできないほど大きな変化をこうむっていることだってある。

このような状況のなかで、まだ学習Ⅲへの移行ができないでいる場合、時代的・社会的変化の波に溺れた現象として、本書の冒頭に挙げたような昨今のさまざまな、無条理な社会的事件を見ることができる。

カミュの『異邦人』のなかのムルソーは、世間の常識や慣習という学習Ⅱの行き詰まりを避けて通ることをしないで、真っ正面からその矛盾を受けて立って、刑に服する道を選んだ。つまりみずからの条理と世間の条理との捻れを「不条理」として認め、妥協せずに（いいかえれば学習Ⅲへの飛躍を考えず）命を投げ出したのだ。

ドストエフスキーの『罪と罰』のなかのラスコーリニコフは、彼の学習Ⅱの凍てついた信念の行き詰まりを、まるで冬の根雪が融けるように、娼婦ソーニャの温かい愛によって次第に融かされていった。

これらの例が示すように、私たちは学習Ⅱの世界をリアリティと認識し、そのなかで生活している。だがその学習Ⅱの世界観の破綻や行き詰まり、あるいは精神的にそのリアリティと相容れない状況に置かれたりすると、その現実を否定し破壊しようともがく。

そのような状況下で、ベイトソンによると、学習Ⅲの世界への飛躍が行われる。つまり、ポジティヴには新しい世界観やパラダイムを持つとか、宗教的回心（悟り）を得るとか、カルト的世界に逃避するとか、あるいはネガティヴにはフラストレーションやノイローゼや分裂症的世界に陥るのだ。

これらの例では、精神秩序系（学習Ⅱ）がメタ精神秩序系（学習Ⅲ）に飛躍し回心する姿は、ある場合は聖であり美であり望ましくもある。だが、学習Ⅱの破綻からの脱出は、いつも聖であり美であるとは限らない。はるかに多くは、学習Ⅱの破綻からオウム真理教のようなカルト的もしくは邪宗的集団に巻き込まれたり、アルコールや薬物に溺れたり、あるいはノイローゼやフラストレーションや分裂症的、鬱病的精神疾患を引き起こしたりするというわけだ。

ジハードという言葉に酔い、あるいは宗教的・思想的にテロ集団に巻き込まれ、今も毎日のように自爆テロ！これらは崇高というよりも、何とおぞましい行為だろう。

あるいは本書の冒頭に書いたような、身辺で起きる幼児や老人の虐待死、正常な人間関係の崩壊から生ずる鳥肌が立つような数々のできごと……。「まさか」から「またか」、さらに「ありきたり」になってしまった無条理な行動の増加も、このような学習Ⅱの世界の崩壊（つまりリアリティの崩壊）という観点から見直す必要があるのではないか。

学習Ⅲへの飛躍が危機回避の処方箋というわけではないが、その機構を理解することから回避への道も見えてくるはずだ。

すでに述べたように、これらの状況は精神秩序系の問題であって、科学や技術でどうにかなるという性質のものではない。ではどういう解決策があるのだろうか。

## 4.2　カントは認識の「コペルニクス的転回」を行う

人間ははるか昔（ギリシャ時代中期頃）から、世界について「宇宙に始まりや果てはあるか、人間の認識は物質の根源に到達できるか」と問い続け、宇宙は有限だとか無限だとか考えてきた。あるいはまた、「究極の真理とは何か」「神は存在するのか」と、果てしなく問い続けてきた。だが、これらのスコラ的な議論（煩瑣で無用な議論）は決着がつきそうもない。

カントはこれらの形而上学的な問に見切りをつけ、方向転換して、「なぜ人間はそれらを問うか」と問うた。そもそも、人間の理性をはるかに超えるこれらの問題を、その半端な理性でとらえようとすること自体、論理的に無理があるのではないか。

しかしながらカントはここで思索を中止させないで、「人間理性は今ここから始まって、もっと先をイメージして進み、可能かどうかは別として、究極の全体像を描き出そうとする本性をもっている」と考え直す。だから人間は、これらを問わずにはいられない。こうして人間は、真や善や美や完全なるものに、どこまでも近づこうとする。これこそが、カントのいう人間の奥深い本性であり、「自由」の本性でもあるのだ。

一方でカントは、ギリシャ時代からずっと続いてきた形而上学的な思索は、不毛な努力と断じ、思考の転換を果たしたというわけだ。これをカントは「コペルニクス的転回」と呼んだ。

こうしてカントは、理詰めにかつ形而上学的に、前記の諸問題を『純粋理性批判』でぎりぎりまで追求した。阿満利麿の表現を借りると、カント哲学を深く研究していた清沢満之は、カントがまるで別人のように『純粋理性批判』から『実践理性批判』に飛び移って「超然として経験の領域を飛び越え、理屈以上に神の存在を認知」した姿に、感嘆したという。

ベイトソンの学習論を援用すると、カントはここにおいて学習IIからIIIの世界へと華麗なる飛躍、回心を遂げたことが見て取れる。

## 4.3　人間に宿る先験的な信心

カントによると、「人間は意味を求めずにおれない動物であり、世界と人間のあり方の究極的な意味を求める衝動は止むことがない。その思いは現世を超えた世界にまで達する」と考える。

この表現は、自然人類学者としていくつもの障壁にぶつかり、そのたびに専門の領域を超え、自然科学や人文科学の垣根も超え、ついに宗教的世界への入り口近くにまで辿り着いた私の思索遍歴を、そのまま代弁してくれているような感じがする。

たしかに人間の心のなかには、かつてプラトンもいったように、自己を超えたものを信じようとするかなり強い傾向があり、それは否定しようもない厳粛な事実だ。ことに、回避できないような困難や悩みや苦しみに直面すると、往々にして人間は藁をも掴みたい気持ちになり、いっそうこのことが真実味を帯びてくる。

人類ではネアンデルタール人以来、知的活動よりも情動的活動の方が先行していた。いいかえると、理知的なアポロンよりも情的なディオニュソスの方が先輩格だった。どの先史部族や先住民を見ても、その祭祀や呪術などに関係する遺物や洞窟壁画などから、強く霊の存在を信じ、祖先神崇拝や部族信仰心が高かったらしいことがうかがえる。それらは今も現代人の精神の深層に根深く潜在している。このような背景が、人間に先験的な信心を植えつけたのではないか。

深山幽谷にひとり佇むときに襲い来る恐怖に近い寂寥感、あるいは巨木に対峙したとき人間の心に覆い被さるように迫り来る神秘な披折伏感などが、それを強く裏づけている。

社会心理学者のエーリッヒ・フロム（E. Fromm, 1900–1980）は、『自由からの逃走』のなかで、次のように述べている。「自由を求める人間は、自由が与えられると逆に不安になって、すがりつくものを求めようとするものだ」という。たしかに、人間は信ずべき支柱を見失ったとき、本質的には弱い存在に成り下がるものらしい。

ニーチェはキリスト教的な神を否定したが、『ツァラトゥストラかく語りき』において、彼の思索を超えた学習Ⅲの世界を渇望した。ニヒリストのニーチェにとっても、精神的に寄り掛かる支柱つまり学習Ⅲの世界が必要だったのだ。それが超人への待望だった。

そのような精神的な支えを見失ったとき、人間はどうなるのだろうか。信ずべき支柱を見失った人間の姿、さりとてオウム真理教（アレフ）をはじめとするさまざまな新宗教に寄り掛かることもならず、さまよえる多くの現代人が何をしでかすというのだろうか。昨今の無条理な社会的事件を知るたびに、「いま現代人を精神的に衰弱させてしまった病因は何か」という思いに駆り立てられる。

## 4.4 信仰という精神行為の深い意味

「私どもは神仏が存在するがゆえに神仏を信ずるのではない。私どもが神仏を信ずるがゆえに、私どもに対して神仏が存在するのである」という清沢満之の指摘は、ものすごい逆説的真である。

彼は真宗の世界でこの境地に達したが、宗教的信仰という点ではすでに述べたように、一神教や多神教の別なく、また神仏がキリスト教やイスラム教などのように超越神であろうがなかろうが、また神仏が人間の心の内に存在すると信じようが信じまいが、信仰という行為ではみな同じだ。宗教の原点には、いずれも「信仰」がある。また、なければならないのだ。

阿満も指摘するように、「神仏がなければ神仏を信じようがないではないか。その存在が科学的に証明されるのならば、神仏を信じてもみよう」というのが現代の常識的な考え方かもしれない。しかし、清沢は神仏はわれわれが信ずるからこそ、存在するのだという。つまり人間には、真理はもとより神仏を求めてやまない根本的衝動ともいうべきものがあるのだ。

## 4.5 原罪や社会の乱れは学習IIの崩壊

清沢の後輩に当たる曽我量深によると、法然の立場は「如来あるがゆえに信ぜよ」である。それに対して、親鸞は「信あるがゆえに如来があらわれる」と考えた。信ずるという「私」と、信ずる対象である如来とは別々のものでなくて一つだというのだ。「私が信ずるから如来は存在する」という清沢が主張する根拠を、曽我はあらゆる意識の根底にある意識（阿頼耶識）に求めた。

かつてプラトンが考えたように、人間は不完全な幾何学図形を通して、その奥にある完全な図形を想定できる。だが、どこまで行っても完全で理想的な図形に接することはない。しかし、人間はそのような不完全な幾何学図形を一足飛びに飛び越えて、その奥にある完全な幾何学図形（アレテ）を認識することができるのだ。たとえば、厳密には不完全な正三角形の図形しか利用できないが、それを通して私たちは正三角形の厳密な性質を分析したり知ったりすることができる。そのような隠れた能力を人間は持っている。それを通して、人間は「真」を探ろうとする。それが人間の本当の姿だ、というのがプラトニズムだ。

直面する如何ともしがたい社会の乱れ（自己矛盾）は、学習IIの崩壊を意味する。そのような縺れから抜け出すには、学習IIを超えて新しい世界（メタ精神秩序系）に飛び込む以外に道はなさそうだ。

## 4.6 人間の深層心理と超宗派的宗教の待望

### 4.6.1 宗教の原点

学習IIを形成している人間の深層心理や無意識構造は、政治や社会を大きく左右することがある。しかし逆に政治や社会が、人間の深層心理や無意識構造を魔術のように縛り上げ、精神的自由を拘束する。ちょっと注意して世界を見れば、そのような実例に事欠かないどころか、それが自爆テロのような流血の惨事の原因になっていることに、すぐ気がつく。

だが本書では、エスニシティ問題とか宗教と政治という古くから多くの人たちが関心を持っている古典的テーマを展開するのが目的ではないし、また私の力量に余る。それらの問題については、優れた他書が数多く出版されているので、そちらに譲りたい。

ただ本書のテーマとのかかわりでいうならば、学習IIを脱却した世界は新しいメタ精神秩序系でのエピステーメー（思考や知の土台）だと期待してもよさそうだ。あるいは新しい宗教的境地ともいえるかもしれない。宗派の維持にこだわる学習IIの世界の宗教ではなく、また個人的な精神的回心に留まらず、新しいパラダイムとしてメタ精神秩序系（学習III－2）を形成するようになれば、人類は現状から大きく救済されることだろう。

ここでいう新しい宗教的境地とはどのようなものだろう。ある特定の個人が奥深い山中や社会から隔絶した書斎などで、そのような境地に達したとしても、あるいは自分だけが悟りを得て精神的に救われたとしても、直ちに社会的に大きな影響をもたらすことは期待できまい。

そのようなことから、仏教やキリスト教やイスラム教でも、道徳や行動の基準として、一般大衆に広めるべく、それぞれの工夫と努力が積み重ねられてきたことは、周知の歴史的事実だ。たとえば、キリスト文化圏やイスラム文化圏や仏教文化圏でも、そこに生きる人たちが意識的・無意識的に精神的影響を強く受け、集団的に新しいメタ精神秩序系もしくはパラダイムを築くべく努力してきた歴史的現実を思い出せば理解しやすい。

たとえば、仏教ではすでに西暦紀元前後のころには、一般大衆から遊離して、自分だけが悟りを得て救われるという方向に対して（上座部、俗に小乗仏教とよばれる）、すべての人々の救済が同時に求められるべきだという運動が起こった。これが大乗仏教である。

キリスト教でも、四世紀終わり頃までに、正典（キャノン）として旧約聖書の三九書、新約聖書の二七書があり、キリスト教徒にとって「信仰と生活とのまちがいのない基準」とされた。

イスラム教でもコーランが制定されており、宗教的であると同時に法の体系でもあり、信仰とその社会的実践とが重視されているという。

仏教でもそれらに匹敵する経典として法輪（仏の教え）があるが、一般大衆にあまり浸透していないのが残念だ。

これまでも人類は旧人類（約一〇万年前）以来、人類としてのさまざまな意識変革の節目を乗り越えてきた。今ふたたび厄介な社会的できごとが国の内外で惹起している。人類はホモ・サピエンスとして、まさに転落か克服かの稜線に立っている。下手をすると人類は絶滅の方向に転げ落ちぬとも限らない。だが、これしきの大変革を人類は乗り越えてきた実績もある。

宗教は人間の心を平和的に救済するのが目的のはずだ。決して自派の勢力を拡大したり、他派を有無を言わさず折伏したり、自派の宗旨を護持すべく武器を手に取ったり爆薬を腹に巻きつけたりすることではあるまい。

### 4.6.2 宗教か思想か

ここで思い出していただきたいのは、いかなる部族や民族でも、人間レベルに達したときには、例外なく家族を大事にし祖先を崇拝する部族宗教があり部族信仰があって、それが部族集団の掟を取り決め、人間としての行動を規制してきたことだ。それらがやがてマサイ族やユダヤ教の十戒やキリスト教の聖書、イスラム教のコーラン、仏教の法輪（仏の教え）などのように、その社会での思想や価値観や行動の掟となり、先祖代々にわたって引き継がれるようになった。この掟があればこそ、各部族は他部族に対して、自集団の内部を固めることにより、自衛の策としてきた。

それらの人間の原点と比べて日本の現代の世相を見るとき、いずれも祖先を敬い神仏を信仰する精神が大きく欠落もしくは弱化していることに、改めて気がつく。家庭や社会における幼児や子どもの躾けから始まって、一般の小学校から大学までの教育カリキュラムやシラバスを見ても、この種の配慮はまるでゼロといってもよく、未開社会の部族と比べて恥ずかしいほど劣っている。というより、いつの間にかこの種の見解は産業社会のなかで、発展の足を引っ張るネガティブ要因として、あるいはアナクロニズム（時代錯誤の考え）として、無惨にも切り捨てられてきた。このような無宗教的な風潮や精神の砂漠化が、人間の考えや行動から精神的背骨を抜き去り、現代の無条理な事件を続発させるようになったといえよう。

しかしメタ精神秩序系という観点、いいかえればメタ（超）宗教性ともいえる回心や転回や悟りやその精神などについては、具体的に表現するのは私の手に余る。それには多くの人間が、相互理解のある文化圏もしくは精神秩序系に属していて、きわめて高度な学習や宗教的な精神的体験を共有し、ベイトソンのいう学習Ⅲの世界がリアリティの世界になり、あるいは高僧やテイヤールのいうような神仏との遭遇が可能なような意識革命が実現していることが必要だろう。

「すべての神々は死んだ。いまや我々は、超人が生きることを待望する」というニーチェの「超人」の思想は、超人そのものの待望が、彼にとって一種の信仰的・精神的な支えと救済だったのではないか。阿満利麿もいうように、精神的支柱もしくは神仏の支えもなくて、人類は救済されうるとは考えにくいからだ。だから『異邦人』の主人公ムルソーに示されたような、個人的な実存主義に徹していけば、上座部的（小乗的）な思考実験にはなり得ても、究極的には社会もしくは民衆全体の救済の指針とはなりにくい。

いささか余談になるが、主として第二次世界大戦後の唯物史観から「個人」が救済されて、人間の実存性が強調されるようにはなった。そして全体主義から訣別して、実存主義や個人主義や民主主義が主流になった。このような流れのなかで、個人が尊重されるようになることは、人間が尊重されることであり、第二のルネッサンスと呼ぶに相応しいことかもしれない。

だが、この認識が個人レベルで留まるだけでは時代のパラダイムを構成することにはならない。個人の枠を超えてその社会化、もしくは仏教になぞらえて、大乗化が果たされなければなるまい。それは新しい小秩序系に向かっての飛躍もしくは進化とみなしてもよい。この意味でも、私たちは人類史的に稜線に立たされていることがわかる。

また、生物としてのヒトと文化的・歴史的存在としてのヒトとの間に横たわる宿命的な自己矛盾が、近代史のなかで現代ほど、のっぴきならないかたちで立ちはだかってきたことはない。

具体的に我が身に当てはめて考えてみると、この両者はいつも協力的ではないことがすぐわかる。たとえば単純なたとえとして、沸き起こる衝動的な欲望と、それを否定もしくはコントロールする精神、それらを規制する社会的掟という単純な図式を考えただけでも十分だろう。

日常的に身の周りで起きている不条理や無条理や自己矛盾から脱出するには、合理を対象とする理性や科学のメスだけでは処理できないところにまできてしまった。ましてや、あまりにも多い小手先の対症療法的な見解や、場当たり的な評論的意見だけでは、深層からの理解や解決はとうてい得られない。とすれば、あとは学習Ⅲ－2への飛躍しかない。人類として転落するかシフト（飛躍）するかの分岐点の道標は、まさにここに立っているのだ。この状況を指して、私は「ホモ・サピエンスはまさに進化の稜線上に立っている」と表現したのだ。その進化は目に見える身体的なものではなく、精神的秩序系からメタ精神秩序系への進化だといっても差し支えない。

ここまでくれば、思想の選択方向と進むべき道は照らし出されたようなもの。ここから先は宗教的に広い展望と造詣と深い関心をお持ちの方々に、話を継いでいただくのが順当かと思われる。行き場のないような終末論的なできごとや黙示録的な世界から脱出して、学習Ⅲ－2の世界に入るには、これしかないと思われてくる。

### 4.6.3　曙光が射す

集団のなかで生き、社会を営む生物は、自明のことながらそれぞれの社会の掟に従って生活している。さらに人類では、人間になったときから家族という社会単位を形成し、そのなかで生きるという、他の哺乳動物には見られない行動様式を生み出した。その文化的特徴が生物としての人間との間で、どうにもならないほど矛盾し合うことも多い。家門や身内の名誉のために生命を犠牲にし、社会や国家のために身を棄てざるをえないような矛盾については、よく聞くところである。だが、それらはそれらなりにメリットもあったはずだ。でなければ、それらの文化的習慣はとっくに淘汰されていたはずだ。

ほぼ二〇〇種もいる霊長類のなかで、家族を形成しているのは今さらいうまでもなく人類だけだ。その社会構造のなかで、各部族が自分の先祖や出自を崇める部族的な原始宗教が発生していたことは、民族学や考古資料等に照らして、想像するに難くはない。

このことがその集団の血縁的な団結心を強化し、そのために必要な社会的行動の規範や価値観や道徳を生み出した。「血は水よりも濃い」意識の発達は、親子・親族から集団全体の長幼の序にまで広がった。

新石器時代を通じて（五～六万年前）、せいぜい一〇〇～一五〇人ほどの規模で離散していた各部族は、しだいに農耕・牧畜などの生産拠点を中心に集合し合体して大きくなり、生態的にエジプト、メソポタミア、インダス、黄河、メソアメリカ（マヤ・アステカ）、古代アンデス（インカ）などに文明の拠点を築いた。それぞれの部族神もより大きな神に統合されて、原始宗教は世界宗教へと進化した経緯がある。この史的流れのなかで、原初の人間（旧人ネアンデルタール人）から連綿として、いつも宗教心が人間の行動を律してきた点に注目する必要がある。

このようにしてキリスト教、ユダヤ教、イスラム教、さらには仏教、神道、儒教、道教などが、大集団である民族集団の道徳や行動基準などを構築してきた。

しかし産業革命以降になると、宗教の力はかなり低下し、神の座を科学や技術が占め始めた。それと連動して宗教にはかつてのような、人間の行動を律し社会的行動や規範をコントロールする力がいちじるしく低下し、代わって科学や技術や社会科学としての経済政策などが社会や政治を律するようになってきたというわけだ。

やがて教育思想のなかでも、産業社会のなかでの神の座は排除され、生き方を教育するシラバスは無視され、それらを強調することは産業力を阻害し、あるいはアナクロニズムとして切り捨てられるようにさえなった。

いささか表現が比喩的かもしれないが、一方で大乗的な社会主義体制は崩壊し、いわば上座部的な個人中心主義や実存的な思想が台頭してきて主流になりつつある。このような風潮のなかで、すでに本書の随所で強調してきたように、社会の網の目や時代の流れから孤立した実存的な（もしくは小乗的な）人間は、しだいに居場所がなくなってしまった。自然人類学の側から見ると、人間は自分が所属する集団や社会から切り離された存在ではない。社会や世間の繋がりのなかでの実存であり、その両者の食い違いがカミュのいう不条理だった。

このような社会の裂け目のなかで、本書の冒頭で引用したような社会的な事件が多発するようになったともいえる。

そのようななかで、注意するといたるところで曙光が矢のように射すのが見える。それが学習Ⅲ－２への芽生えと見られないことはない。

一方で人間の善意が結集するような、めざましいＮＰＯやボランティア活動が育ちはじめたことも無視できない。たとえ未だちっぽけな芽であったとしても、たいへん心強い現象だ。その行動が次第に現代人の意識を変えつつあることは、近未来の人類を望見する際に、心強い希望を与えてくれる。人間は本質的に大乗的なのだ。

だからそのような行動の芽をつみ取ってはならないし、だれしもその行動を阻害してはならない。なぜなら、このようにしていま、未来に開く大乗化の蕾が大きくなりつつあるからだ。現にいったん災害が報じられると、止むに止まれぬ人間（大乗的人間、大衆）の力が遠くからも近くからも馳せ参じ、大人から子どもまでもが結集し、大きな救いの力になっていることは、いつも目にし耳にするところだ。巨大沈没船から流れ出たおびただしいどろどろの真っ黒な原油汚染から福井海岸を復活させたのは、だれいうとなく駆け参じた大衆の協力だった。阪神・淡路大震災からの復興、福井の台風や水害の被害の跡片づけ、新潟中越地震など、そこにはいずこから湧き出たかと思われるほどの善意と、爆発的なエネルギーや力が示されている。

それらの精神や行動は、来るべき新しい宗教、メタ（超）宗教的な世界にそのまま繋がるものと考えてもよい。そこに神仏から射す曙光が見えてくるからだ。

ちょうど今スマトラ沖地震大津波（二〇〇四年一二月二六日）の大危機から人類全体がいかに立ち直るか、試されている真っ最中だ。まるでノアの大洪水もこうだったかと思うほどの大水害。目を覆いたくなるほどのすさまじい迫力で、一瞬のうちに多くの街や家々や人々が一呑みにされた。

この惨状をインドネシア大統領は「記憶に残るもっとも壊滅的な自然災害」という。むしろ「人類の歴史に残る……」といいかえてもよいほどだ。

アナン国連事務総長はジャカルタの復興支援緊急首脳会議で、

「犠牲者は一五万人を超え、少なくとも五〇万人が負傷。一〇〇万人以上が避難生活を送り、二〇〇万人以上が食料援助を待っている」

と報じ、災害の度外れた大きさに正直に戸惑いも見せている。しかし「私たちは津波を食い止めるのに無力だったが、こうした次の被害の波を止める力はある」と締めくくって、人類の総力と世界各国の協力に檄を飛ばした。

さまざまな政治的思惑や駆け引きも一部には見受けられるが、人類の総力はそれらの小事を掃き捨てて、結果的にはこの難局を乗り切ることができるのではないか。その動きのなかで無意識裡に学習Ⅲ-2の世界へ大きく移行する大試練の真っ只中に、私たちはいるような気がする。今はまだ見えてこないが、そのうちに曙光は瑞光となってあまねく世を照らすことだろう。

私の余命と健康が許せば、私自身もそのような宗教的思想（メタ精神秩序系、超宗教）や精神的大海に飛び込んでいきたいとすら願っている。

# 参考文献

（邦訳のあるものは、それを優先した。本誌の執筆に当たって、ここには記さなかったが、参考にした書物はこの他にも数多くあった。改めてこれらの先人の業績に対して謝意を表したい）。


阿満利麿（一九九五）『宗教の深層』ちくま学芸文庫。

江原昭善（一九八八）『霊長類の適応』人類学講座、第九巻「適応」人類学講座編集委員会編　雄山閣。

江原昭善（一九九四）『人類――ホモ・サピエンスへの軌跡』ＮＨＫブックス改訂版。

江原昭善（一九九四）『今西錦司先生追悼文に代えて』人類学雑誌第一〇二巻　第五号
江原昭善（一九八九）『人間性の起源と進化』ＮＨＫブックス。

江原昭善・渡邊直経（一九七六）『猿人　アウストラロピテクス』中央公論社。

江原昭善（一九九九）『人類の起源と進化――人間理解のために』第五版　裳華房。

江原昭善（一九九八）『人間はなぜ人間か――新しい人類の地平から』雄山閣。

江原昭善（一九八一）『人類の地平線』小学館。

江原昭善（二〇〇一）『服を着たネアンデルタール人――現代人の深層を探る』雄山閣。

江原昭善・大沢済・河合雅雄・近藤四郎（一九八五）『霊長類学入門』岩波書店。

大泉光一監修（二〇〇一）『テロとは何か』すばる舎。

加納隆至（一九八六）『最後の類人猿――ピグミーチンパンジーの行動と生態』。どうぶつ社。

カミュ、Ａ／窪田啓作訳（一九九五）『異邦人』新潮社。

カント、Ｉ／篠田英雄訳（一九六一）『純粋理性批判』岩波書店。

カント、Ｉ／篠田英雄訳（一九六四）『判断力批判』岩波書店。

ケストラー、Ａ／田中三彦・吉岡佳子訳（一九八三）『ホロン革命』工作舎。

ケストラー、Ａ／日高敏隆・長野敬訳（一九八〇）『機械の中の幽霊――現代の狂気と人類の危機』ぺりかん社。

小浜逸郎（二〇〇二）『なぜ人を殺してはいけないか――新しい倫理学のために』洋泉舎。

コルボーン・Ｓ、Ｄ・ダマノスキ、Ｊ・Ｐ・マイヤーズ／長尾力訳（二〇〇二）『奪われし未来』翔泳社。

杉山幸丸（一九八〇）『子殺しの行動学——霊長類社会の維持機構を探る』北斗出版。

スペンサー、H／堀秀彦訳（一八六二〜一八九六）『総合哲学体系』。

ソレッキ、R・S／香原・松井訳（一九七一）『シャニダール洞窟の謎』蒼樹書房。

ダーウィン、C／八杉龍一訳（一九七一）『種の起源』岩波書店。

ダイアモンド、L／長谷川訳（一九九三）『人間はどこまでチンパンジーか』新曜社。

高尾利数（二〇〇〇）『ブッダとは誰か』柏書房。

高樹のぶ子（二〇〇四）『満水子』講談社。

竹田青嗣（二〇〇四）『現象学は〈思考の原理〉である』ちくま新書。

竹田青嗣・西研（一九九八）『はじめての哲学史』有斐閣アルマ。

ドストエフスキー、F・M／原卓也訳（一九七八）『カラマーゾフの兄弟』新潮社。

ドストエフスキー、F・M／江川卓訳（一九九九）『罪と罰』岩波書店。

トリンカウスE、P・シップマン／中島健訳（一九九八）『ネアンデルタール人』青土社。

永井均（一九九八）『これがニーチェだ』講談社現代新書。

埴谷雄高（二〇〇四）『ドストエフスキイ——その生涯と作品』ＮＨＫブックス。

バーマン、M／柴田元幸訳（一九八九）『デカルトからベイトソンへ——世界の再魔術化』国文社。

デカルト、R（一六四九）／伊吹武彦訳『情念論』角川文庫。

パスカル、B／前田陽一・由木康訳（一六七〇）『パンセ』中央公論新社。

ハックスリー、T／小野寺好之・八杉龍一訳（一八六三）『自然における人間の位置』世界古典文庫119日本評論社。

ベイトソン、G／佐藤良明訳（二〇〇〇）『精神の生態学』（改訂第2版）新思索社。

ベイトソン、G／佐藤良明訳（一九八六）『精神と自然』思索社。

ピルビーム、D／江原昭善・小山直樹訳（一九八二）『人の進化』ＴＢＳブリタニカ。

フロム、E／日高六郎訳（一九五一）『自由からの逃走』東京創元社。

ヘルダー、J・G／大阪大学ドイツ近代文学研究会訳（一九九三）『言語起源論』法政大学出版局。

マルフェイト、A・W／湯本和子訳（一九八六）『人間観の歴史』思索社。

三木清（一九五七）『哲学ノート』新潮社。

村上隆夫（一九九七）『メルロ＝ポンティ』清水書院。

メルロ＝ポンティ／竹内芳郎・小木貞孝他訳（一九六七）『知覚の現象学１』みすず書房。
メルロ＝ポンティ／合田正人訳（二〇〇二）『ヒューマニズムとラロル』みすず書房。
横山紘一（二〇〇二）『やさしい唯識』ＮＨＫライブラリー。
横山祐之（一九九二）『芸術の起源を探る』朝日選書。
ラッセル、Ｐ／吉福伸逸・鶴田栄作・菅靖彦（一九八五）『グローバル　ブレイン』
ラントマン、Ｍ／谷口茂訳（一九七一）『人間学としての人類学』思索社。
ルロワ＝グーラン／荒木亨訳（一九七三）『身振りと言葉』新潮社。
ルロワ＝グーラン／蔵持不三也訳（一九八五）『世界の根源――先史絵画・神話・記号』言叢社。
ワトソン、Ｌ／木幡和枝・村田恵子・中野恵津子訳（一九八一）『生命潮流』工作舎。
山口敏（二〇〇一）『人類学の歴史』人類学講座第一巻　総論。
Eickstedt, E. F. 1940: Die Forshung am Menschen. Ferdinand Enke Verlag Stuttgart.
Herre, W. & Roehrs M., 1971: Domestikation und Stammesgeschichte. Die Evolution der Organismen, Bd. 2 Hrsgegb. Heberer G. Fisher Verlag, Stuttgart.
Kroeber, A. L. 1948: Anthropology. Harcourt, New York.
Krogh C. v., 1959: Die Stellung der Hominiden im Rahmen der Primaten. Die Evolution der Organismen, Bd. 2 Hrsgegb. Heberer G. Fisher Verlag, Stuttgart.
Lambert, D. 1987: The Cambridge Guide to Prehistoric Man. Cambridge University Press, London.
Linne, C. 1758: Systema naturè. Vol, 10.
Mayr, E. 1950: Taxonomic categories in fossil hominids. Origin and Evolution of Man., Cold Spring Harbor Symposia on Quantitative Biology Vol 15 .
Overhage P. & K. Rahner 1961: Das Problem der Hominisation. Herder, Freiburg Basewl Wien.
Remane, A. 1956: Die Grundlagen des natürlichen Systems, der vergleichenden Anatomie und phylogenetik., Leipzig.
Spencer, H. 1862-1860: A System of synthetic Philosophy, Vol, 1〜10.
Washburn, S. L. 1950: The analysis of primate evolution with particular reference to the origin of man. Origin and Evolution of Man., Cold Spring Harbor Symposia on Quantitative Biology Vol 15 .
Wickler, W. 1975 : Stammesgeschichte und Ritualisierung Zur Entstehung tierischer und menschicher Verhaltensmusuter, R.Piper. & C.

Verlag, München.
平凡社（一九九二）『哲学事典』
岩波書店（一九九八）『哲学・思想辞典』
岩波書店（二〇〇二）『仏教辞典』第二版
新潮社（一九九七）『新潮45』

## 註

（1）同族意識・血縁意識で結ばれた部族集団は結束も堅くて、周りの集団に対しては排他的になる。その隠れたメカニズムとしては、ニーチェ的な裏読みの論法を借りれば、人間は自己陶酔的で自分中心的な屈折した心理を持っていて、自分のなかにある諸々の悪徳や憎悪をすべて他人に投射し、それが他人になったことで安心してその他者を憎み排斥する。そして、その分だけ自分は善良で純粋だと思いこむ都合のよい傾向がある。

このようにして、人類としての物心がつきはじめた人類つまり旧人類の頃あたりから、「人間とは、その部族のメンバーであり仲間である」ことになり、さらに他の集団のメンバーは獣に匹敵するか、少しましでも嘘つきか詐欺師か盗賊かにされた。

このような自己中心の考え方は、以下の例にも見られるように、現在でも各部族の「人間」という呼称にそのまま残っていて、たいへん興味深い。

ジプシー：自分たちをロム、つまり「人間」と呼び、他はガジェスつまり「敵」と呼ぶ。
パプア部族：自分たちだけを「われわれ人間」という。
キクユ族：祖先はキクユつまり人間。自分たちはその子孫故人間。
バントゥ族：バントゥは人間を意味する。
ナバホ・インディアン：ナバホという部族名は17世紀にこの地を征服したスペイン人の勝手な命名。彼ら自身はみずからを「ディンネ」つまり人間と呼び、この語は同時にナヴァホ全体の部族のメンバーをも指す。
エスキモー：「生肉を食べる連中」の蔑称。みずからはイヌイットつまり人間と呼ぶ。
アイヌ：人間の意味。
エジプト人：自分たちだけが人間。他国人は人間ではない。かなり露骨な民族中心主義が読み取れる。
ギリシャ：自分たち、つまりギリシャ市民権を持つかギリシャ語を話すものを人間、他は異邦人バルバロスと呼んだ。これが意味不明の言葉を喋る野蛮人バーバリズムの語源となった。しかし、ヘロドトスのように諸民族を比較する目をもっていたものもいる。
中国：中華の思想。つまり、漢民族のみが優れた人間集団であり、周囲の部族は東夷・西戎・南蛮・北狄と動物にたとえ、蔑んだ。

日本：都から遠く隔たった西の辺境では熊襲、東の辺境には蝦夷が住んでいた。

しかしギリシャ時代のヒポクラテスによると、民族の性格、習俗、精神的活動などは、風土や地理条件に影響される。それゆえ民族間の相違よりも人間としての共通性の方が決定的だと考えていた。同じく文化の相対性を主張するソフィストたちも、すでにこのことに気がついていた。

（2）生活世界＝Lebenswelt、フッサールの用語。科学的法則が支配する世界をも包み込んだ日常的経験から構成される世界。
環　世　界＝Umwelt、ユクスキュールの用語。環境。特定の生物を中心に組織化されたその生物の外的条件（環日本海、環太平洋諸国などと同じ用法）。外条件という単なる客観的・普遍的概念ではなく、それらが特定の生物と一つの機能的系を形成するとき、それを世界と呼ぶ。
環　条　件＝Umgebung、生物を取り巻く外的条件。
Umwelt も Umgebung も環境と和訳されるが、ドイツ語のニュアンスとしては、前者は特定の生物とそれが生きるために構築するシステム。後者は特定の生物を取り巻く客観的な諸条件。

（3）進化の考え方が行き渡るにつれて、その影響はまず自然分類学を直撃し、系統発生学や系統分類学となった。そのような影響から、進化的研究といえば系統の解析や起源の探求が主流になった。J・ハックスリー（1887 - 1975）は、このような風潮のなかで改めて、生物進化には以下のように3パターンがあることを強調した。
1　向上進化（アナジェネシス）：進化学者レンシュ（B. Rensch, 1947）の命名。身体構造の改善進化、あるいは主要機能の完成を目指す進化。ポルトマン（A. Portmann, 1897 - 1982）の elevation に相当。
2　分岐進化（クラドジェネシス）：ある系統種が枝分かれして、新しい種へと進化する現象。起源論や系統論はこれに属する。
3　安定進化（スタシジェネシス）：J・ハックスリーの命名。分岐進化して生じた種が、向上進化その他の進化を遂げることなく、長期にわたって安定的に生存する現象。たとえばシーラカンスが現在も生存し、あるいは昆虫類の多くが地質時代を通じてほとんど変化することなく存在するような現象。
たとえば人類の起源といえば、分岐進化では「系統上どの化石が最古の人類か」を問い、向上進化では「どの時点で人類のレベルに達したか」が問題とされる。

# 余　滴

哲学者ニーチェは人間を未完の人類と呼んだ。「人間はまだ確立されていない動物だ」というのだ。進化の途上にあるという意味で未完といったのではなさそうだ。

本書の立場でいえば、生物でありながら文化を持ち、精神的秩序系を発達させ、さらにその秩序系を飛躍的に高次化させた人間の成り立ちを見るだけで、宿命的な自己矛盾を孕んでいることは自明の理だ。この矛盾は生物的土台に立脚した人間であり続けるかぎり、すっきり解決されることはないだろう。それが人間の属性であるかぎり、永遠に確立されることはないだろう。それどころか、人間にとって矛盾は一層拡大する宿命を持っている。

しかしニーチェ好みの逆説にならっていえば、この矛盾こそが人間の精神の幅を広げ、深さを増し、文学的な味わいを持たせ、悲喜こもごもの喜怒哀楽を生み出す根源にもなった。この人間の確立への努力は透かし絵にも似て、光に透かして見れば、いよいよ各秩序系の間の陰影を濃くし、亀裂を広く深くし、矛盾を増大する。つまりは未確定なるがゆえに、どこまでも確定に向かって努力するのが人間だということか。そして「努力するかぎり、迷う」(ゲーテ)人間の姿も見えてくる。

この矛盾こそ、人間が向上進化を遂げるエネルギー顕在化のきっかけと考えることもできるだろう。だから、逆に確立したときは矛盾は雲散霧消し、人間の進化は停止し、進化の停止は死を意味する。いいかえると、人間の「生」のエネルギーは矛盾によって活性化し、向上進化する。

本書の執筆の端緒は、とくに依頼された出版社があったわけでなく、大切な問題故に書きためていき、ある程度まとまったところで、行商（?・）をはじめた。しかしきびしい出版事情のなかで、日本モンキーセンターの西田利貞氏の斡旋もあって、早速に京都大学学術出版会の鈴木哲也編集長から、多分に商業ペースを度外視して、声をかけていただいた。

このような事情なので、編集方針にあわせて改めて内容を取捨選択するうちに、ずいぶん手間取ってしまった。普通の執筆の三倍くらいエネルギーを費やしたような気がする。だが、この苦労も、考えてみれば年齢からくる体力的エネルギー量の不足の方が原因だったのかもしれない。

そのような状況下で、女性ならではの気遣いで叱咤し、おだて、励まして下さったのが、桃夭舎の高瀬桃子氏だった。

両氏の協力がなければ、早々と私の気力も失せ、本書は日の目を見ることがなかったかもしれない。

# 索　引

## 著者略歴


### 江 原 昭 善（えはら　あきよし）

昭和2年生まれ．東京大学理学部人類学科卒．理学博士・医学博士．フンボルト財団による西ドイツ留学．キール大学，ゲティンゲン大学客員教授，京都大学霊長類研究所教授，椙山女学園大学学長，日本モンキーセンター理事など歴任．日本人類学会功労賞，勲三等瑞宝章．

現在：日本福祉大学前客員教授兼コミュニティ・スクール校長，京都大学名誉教授，椙山女学園大学名誉教授．


**主要著作**

『人類』（NHKブックス），『人間性の起源と進化』（NHKブックス）*，『猿人』（中央公論社／共著）*，『人類の地平線』（小学館）*，『霊長類学入門』（岩波書店／編・著），『進化のなかの人体』（講談社新書）*，『人類の起源と進化』（裳華房）*，『サルはどこまで人間か～新しい人間学の試み』（小学館），『人間はなぜ人間か』（雄山閣）*，『人間理解の系譜と歴史』（人類学の読みかた，雄山閣），『服を着たネアンデルタール人～現代人の深層を探る』（雄山閣）*，訳書として『考古学とは何か』（福武書店），『人の進化』（TBSブリタニカ）他．

## 挿入詩作者


**江 原　律**（えはら　りつ）

中日詩人会会員．日本現代詩人会会員．『琥珀の虫』不動工房，『曙のヒト』花神社，『インカの枯葉』思潮社，『遠い日』潮流社（中日詩賞受賞），『ねえジン』詩画集，樹海社．江原昭善著作のうち，本書以外に上記＊印の単行本7冊の各章扉に短詩挿入．

現住所：〒 509-0257　岐阜県可児市長坂 4-190

稜線に立つホモ・サピエンス


2005年11月1日　初版第一刷発行

著者　江原昭善
発行人　本山美彦
発行所　京都大学学術出版会
京都市左京区吉田河原町15-9
京大会館内（〒606-8305）
電話（075）761-6182
FAX（075）761-6190
Home Page http://www.kyoto-up.gr.jp
振替01000-8-64677
カバー装幀：鷺草デザイン事務所

ISBN　4-87698-664-9
Printed in Japan

印刷・製本　㈱クイックス東京
定価はカバーに表示してあります